この本の特長と使い方

問題回数ギガ増しドリル!

1年間で学習する内容が、この1冊でたっぷり学べます。

1 て
使 ます。

32 分数のわり算 ①

目標時間 20分 学習した日 月 日 名前 得点 /100点 1632 解説→181ページ らくらくマルつけ

❶ 次の計算をしましょう。 1つ6点【48点】

(例) $\frac{3}{7}\div\frac{2}{3}=\frac{3}{7}\times\frac{3}{2}=\frac{3\times3}{7\times2}=\frac{9}{14}$

(1) $\frac{1}{7}\div\frac{2}{5}=$ (2) $\frac{1}{8}\div\frac{2}{9}=$

(3) $\frac{7}{11}\div\frac{4}{7}=$ (4) $\frac{2}{13}\div\frac{3}{5}=$

(5) $\frac{7}{9}\div\frac{3}{2}=$ (6) $\frac{8}{3}\div\frac{9}{2}=$

(7) $\frac{5}{6}\div\frac{2}{7}=$ (8) $\frac{9}{4}\div\frac{8}{5}=$

❷ 次の計算をしましょう。 1つ7点【42点】

(1) $\frac{7}{6}\div\frac{2}{5}=$ (2) $\frac{3}{10}\div\frac{2}{11}=$

(3) $\frac{4}{13}\div\frac{5}{9}=$ (4) $\frac{11}{17}\div\frac{4}{3}=$

(5) $\frac{19}{6}\div\frac{8}{5}=$ (6) $\frac{7}{12}\div\frac{9}{13}=$

スパイラルコーナー 次の計算をしましょう。 1つ5点【10点】

(1) $\frac{7}{9}\times\frac{5}{4}=$ (2) $\frac{15}{8}\times\frac{3}{11}=$

もう1回チャレンジできる!

裏面には、表面と同じ問題を掲載。
解きなおしや復習がしっかりできます。

裏面

スパイラルコーナー!

前に学習した内容が登場。
くり返し学習で定着させます。

マルつけはスマホでサクッと!

その場でサクッと、赤字解答入り誌面が見られます。

くわしくはp.2へ

計算ギガドリル 小学6年 答え

わからなかった問題は、ポイントの解説をよく読んで、確認してください。

「答え」のページはていねいな解説つき!

解き方がわかるポイントがついています。

スマホでサクッと!
らくらくマルつけシステム

「答え」のページを
見なくても!
その場でスピーディーに!

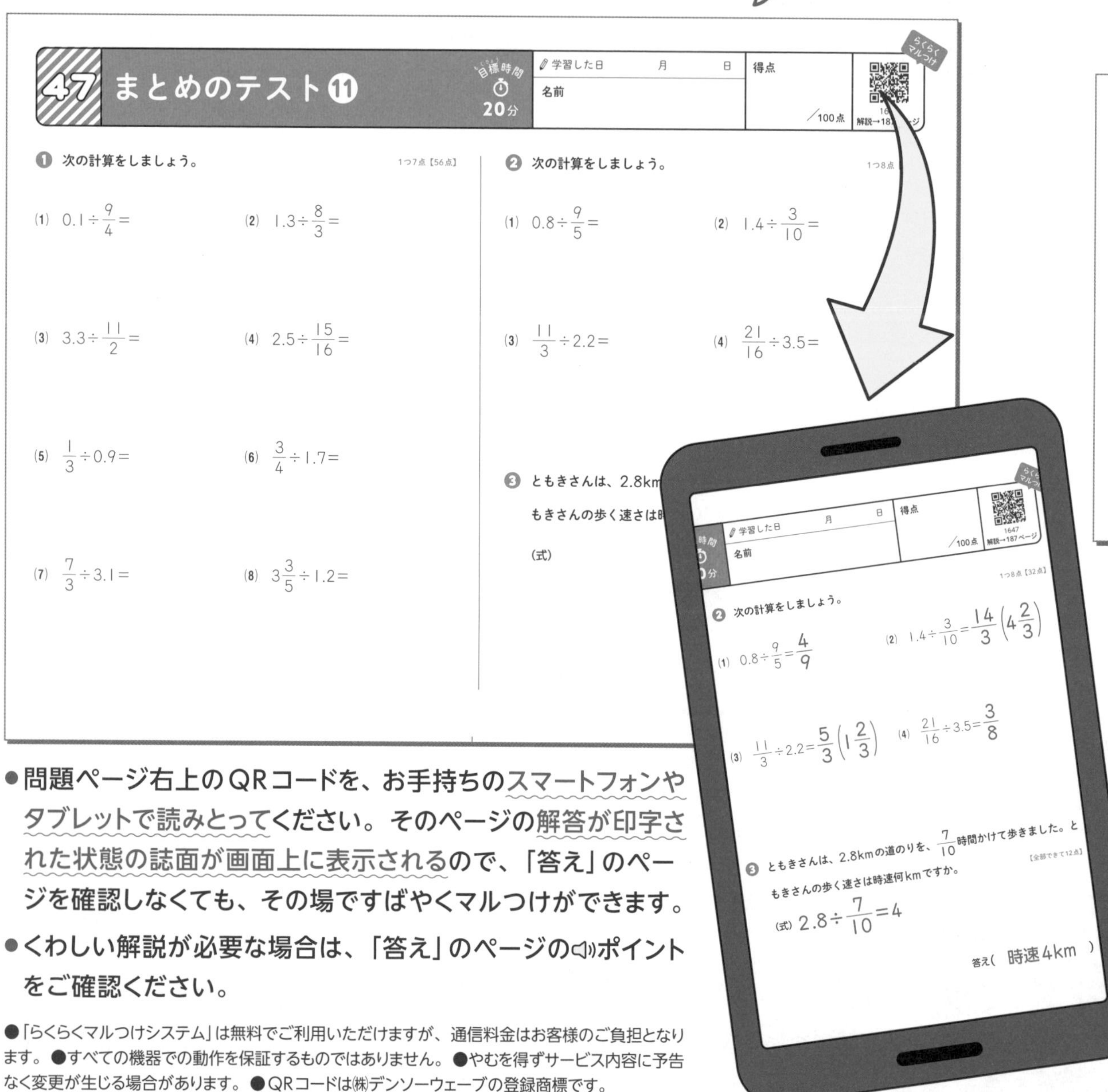

●問題ページ右上のQRコードを、お手持ちのスマートフォンやタブレットで読みとってください。そのページの解答が印字された状態の誌面が画面上に表示されるので、「答え」のページを確認しなくても、その場ですばやくマルつけができます。

●くわしい解説が必要な場合は、「答え」のページの🔈ポイントをご確認ください。

プラスαの学習効果で成績ぐんのび!

パズル問題で考える力を育みます。

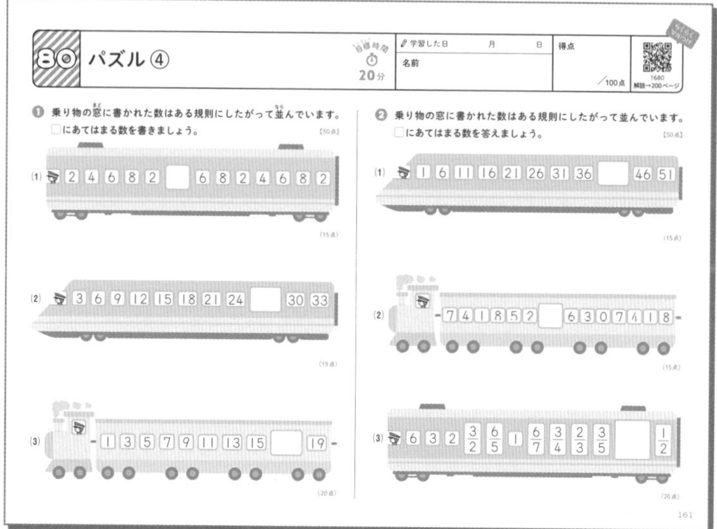

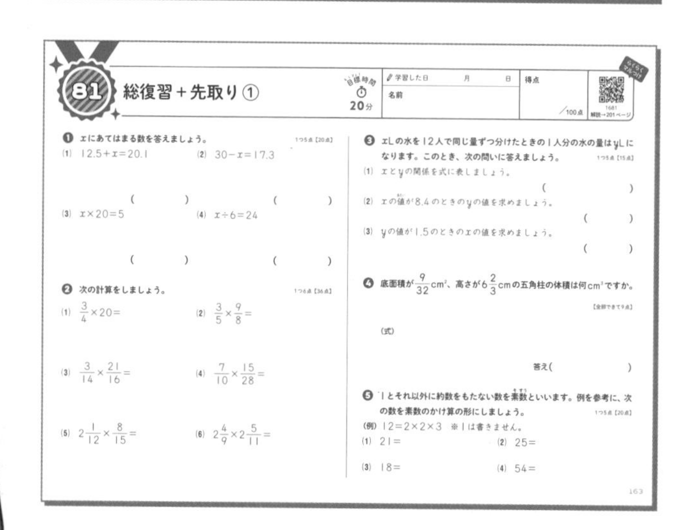

巻末の総復習+先取り問題で、
今より一歩先までがんばれます。

1 文字を使った式①

学習した日　月　日

名前

得点

／100点

解説→169ページ

1 **200gの箱に何gか荷物を入れたときの合計の重さについて考えます。次の問いに答えましょう。** 1つ6点【24点】

(1) 荷物の重さが100gのときの、合計の重さを表す式を書きましょう。計算する必要はありません。　(　　　　)g

(2) 荷物の重さが200gのときの、合計の重さを表す式を書きましょう。計算する必要はありません。　(　　　　)g

(3) 荷物の重さが300gのときの、合計の重さを表す式を書きましょう。計算する必要はありません。　(　　　　)g

(4) 荷物の重さがxgのときの、合計の重さを表す式を書きましょう。

(　　　　)g

2 **200＋xの式について、次の問いに答えましょう。** 1つ6点【24点】

(例) xに50をあてはめて、計算しましょう。

200＋$\underline{x}$＝200＋$\underline{50}$＝250　(　250　)

(xのところを50にかえて、計算します。)

(1) xに500をあてはめて、計算しましょう。

(　　　　)

(2) xに1000をあてはめて、計算しましょう。

(　　　　)

(3) xに890をあてはめて、計算しましょう。

(　　　　)

(4) xに1160をあてはめて、計算しましょう。

(　　　　)

3 **x＋7の式について、次の問いに答えましょう。** 1つ7点【28点】

(1) xに12をあてはめて、計算しましょう。

(　　　　)

(2) xに24をあてはめて、計算しましょう。

(　　　　)

(3) xに0.7をあてはめて、計算しましょう。

(　　　　)

(4) xに13.3をあてはめて、計算しましょう。

(　　　　)

4 **次の式のxに14をあてはめて、計算しましょう。** 1つ6点【12点】

(1) 6＋x

(　　　　)

(2) x＋2.1

(　　　　)

スパイラルコーナー

3.14について、次の問いに答えましょう。 1つ6点【12点】

(1) 3.14を10倍した数を書きましょう。

(　　　　)

(2) 3.14を$\frac{1}{100}$にした数を書きましょう。

(　　　　)

文字を使った式①

目標時間 20分

学習した日　　月　　日

名前

得点　　／100点

1601
解説→169ページ

❶ 200gの箱に何gか荷物を入れたときの合計の重さについて考えます。次の問いに答えましょう。 1つ6点【24点】

(1) 荷物の重さが100gのときの、合計の重さを表す式を書きましょう。計算する必要はありません。　(　　　　)g

(2) 荷物の重さが200gのときの、合計の重さを表す式を書きましょう。計算する必要はありません。　(　　　　)g

(3) 荷物の重さが300gのときの、合計の重さを表す式を書きましょう。計算する必要はありません。　(　　　　)g

(4) 荷物の重さがxgのときの、合計の重さを表す式を書きましょう。　(　　　　)g

❷ 200＋xの式について、次の問いに答えましょう。 1つ6点【24点】

(例) xに50をあてはめて、計算しましょう。

200＋$\underline{x}$＝200＋$\underline{50}$＝250　(　250　)

(xのところを50にかえて、計算します。)

(1) xに500をあてはめて、計算しましょう。　(　　　　)

(2) xに1000をあてはめて、計算しましょう。　(　　　　)

(3) xに890をあてはめて、計算しましょう。　(　　　　)

(4) xに1160をあてはめて、計算しましょう。　(　　　　)

❸ x＋7の式について、次の問いに答えましょう。 1つ7点【28点】

(1) xに12をあてはめて、計算しましょう。　(　　　　)

(2) xに24をあてはめて、計算しましょう。　(　　　　)

(3) xに0.7をあてはめて、計算しましょう。　(　　　　)

(4) xに13.3をあてはめて、計算しましょう。　(　　　　)

❹ 次の式のxに14をあてはめて、計算しましょう。 1つ6点【12点】

(1) 6＋x　(　　　　)

(2) x＋2.1　(　　　　)

スパイラルコーナー

3.14について、次の問いに答えましょう。 1つ6点【12点】

(1) 3.14を10倍した数を書きましょう。　(　　　　)

(2) 3.14を$\frac{1}{100}$にした数を書きましょう。　(　　　　)

2 文字を使った式②

学習した日　月　日

名前

得点

／100点

1602
解説→169ページ

1 **24cmのテープを何cmか使ったときの残りの長さについて考えます。次の問いに答えましょう。** 1つ5点【10点】

(1) 4cm使ったときの、残りの長さを表す式を書きましょう。計算する必要はありません。　(　　　　)cm

(2) $x$cm使ったときの、残りの長さを表す式を書きましょう。　(　　　　)cm

2 **$24-x$の式について、次の問いに答えましょう。** 1つ6点【24点】

(1) xに7をあてはめて、計算しましょう。　(　　　　)

(2) xに16をあてはめて、計算しましょう。　(　　　　)

(3) xに0.5をあてはめて、計算しましょう。　(　　　　)

(4) xに12.5をあてはめて、計算しましょう。　(　　　　)

3 **$x-3$の式について、次の問いに答えましょう。** 1つ6点【24点】

(1) xに8をあてはめて、計算しましょう。　(　　　　)

(2) xに41をあてはめて、計算しましょう。　(　　　　)

(3) xに4.2をあてはめて、計算しましょう。　(　　　　)

(4) xに10.8をあてはめて、計算しましょう。　(　　　　)

4 **次の式のxに2.7をあてはめて、計算しましょう。** 1つ6点【24点】

(1) $10-x$　(　　　　)

(2) $x-1$　(　　　　)

(3) $7.6-x$　(　　　　)

(4) $x-0.8$　(　　　　)

スパイラルコーナー **次の計算をしましょう。** 1つ3点【18点】

(1) $4.2\times10=$　(2) $7.08\times10=$

(3) $6.1\times100=$　(4) $1.005\times1000=$

(5) $10.5\div10=$　(6) $8.78\div10=$

文字を使った式②

学習した日　月　日

名前

得点

／100点

1602
解説→169ページ

❶ 24cmのテープを何cmか使ったときの残りの長さについて考えます。次の問いに答えましょう。 1つ5点【10点】

(1) 4cm使ったときの、残りの長さを表す式を書きましょう。計算する必要はありません。　(　　　)cm

(2) $x$cm使ったときの、残りの長さを表す式を書きましょう。　(　　　)cm

❷ $24-x$の式について、次の問いに答えましょう。 1つ6点【24点】

(1) xに7をあてはめて、計算しましょう。　(　　　)

(2) xに16をあてはめて、計算しましょう。　(　　　)

(3) xに0.5をあてはめて、計算しましょう。　(　　　)

(4) xに12.5をあてはめて、計算しましょう。　(　　　)

❸ $x-3$の式について、次の問いに答えましょう。 1つ6点【24点】

(1) xに8をあてはめて、計算しましょう。　(　　　)

(2) xに41をあてはめて、計算しましょう。　(　　　)

(3) xに4.2をあてはめて、計算しましょう。　(　　　)

(4) xに10.8をあてはめて、計算しましょう。　(　　　)

❹ 次の式のxに2.7をあてはめて、計算しましょう。 1つ6点【24点】

(1) $10-x$　(　　　)

(2) $x-1$　(　　　)

(3) $7.6-x$　(　　　)

(4) $x-0.8$　(　　　)

スパイラルコーナー

次の計算をしましょう。 1つ3点【18点】

(1) $4.2\times10=$　　(2) $7.08\times10=$

(3) $6.1\times100=$　　(4) $1.005\times1000=$

(5) $10.5\div10=$　　(6) $8.78\div10=$

文字を使った式③

目標時間 20分

学習した日　月　日
名前
得点 ／100点

らくらくマルつけ
1603
解説→170ページ

1 x枚の赤い折り紙と８枚の青い折り紙の合計の枚数はy枚です。このとき、次の問いに答えましょう。　1つ4点【12点】

(1) xとyの関係を式に表しましょう。
(　　　　　　　)

(2) xの値が10のときのyの値を求めましょう。
(　　　)

(3) yの値が32のときのxの値を求めましょう。
(　　　)

2 xにあてはまる数を答えましょう。　1つ6点【36点】

(1) $x+3=8$
(　　　)

(2) $x+6=20$
(　　　)

(3) $x+18=42$
(　　　)

(4) $7+x=9$
(　　　)

(5) $20+x=50$
(　　　)

(6) $32+x=64$
(　　　)

3 xにあてはまる数を答えましょう。　1つ6点【36点】

(1) $x+2.4=7$
(　　　)

(2) $x+5=12.4$
(　　　)

(3) $x+8.7=19.5$
(　　　)

(4) $6+x=10.2$
(　　　)

(5) $0.7+x=1.2$
(　　　)

(6) $4.5+x=7.4$
(　　　)

スパイラルコーナー
次の□にあてはまる数を書きましょう。　1つ4点【16点】

(1) $2m^3=$ □ cm^3

(2) $3mL=$ □ cm^3

(3) $5L=$ □ cm^3

(4) $1kL=$ □ L

＼もう１回チャレンジ!!／

文字を使った式③

目標時間 20分

学習した日　　月　　日

名前

得点　　／100点

1603
解説→170ページ

❶ x枚の赤い折り紙と８枚の青い折り紙の合計の枚数はy枚です。このとき、次の問いに答えましょう。 1つ4点【12点】

(1) xとyの関係を式に表しましょう。

(　　　　　)

(2) xの値が10のときのyの値を求めましょう。

(　　　　　)

(3) yの値が32のときのxの値を求めましょう。

(　　　　　)

❷ xにあてはまる数を答えましょう。 1つ6点【36点】

(1) $x+3=8$　(　　　)

(2) $x+6=20$　(　　　)

(3) $x+18=42$　(　　　)

(4) $7+x=9$　(　　　)

(5) $20+x=50$　(　　　)

(6) $32+x=64$　(　　　)

❸ xにあてはまる数を答えましょう。 1つ6点【36点】

(1) $x+2.4=7$　(　　　)

(2) $x+5=12.4$　(　　　)

(3) $x+8.7=19.5$　(　　　)

(4) $6+x=10.2$　(　　　)

(5) $0.7+x=1.2$　(　　　)

(6) $4.5+x=7.4$　(　　　)

スパイラルコーナー

次の□にあてはまる数を書きましょう。 1つ4点【16点】

(1) $2m^3=$□cm^3

(2) $3mL=$□cm^3

(3) $5L=$□cm^3

(4) $1kL=$□L

文字を使った式④

学習した日　月　日

名前

得点

／100点

1604
解説→170ページ

1 20dLのジュースをxdL飲んだ残りのジュースの量はydLです。このとき、次の問いに答えましょう。　1つ4点【12点】

(1) xとyの関係を式に表しましょう。

(　　　　　　)

(2) xの値（あたい）が5のときのyの値を求めましょう。

(　　　)

(3) yの値が8のときのxの値を求めましょう。

(　　　)

2 xにあてはまる数を答えましょう。　1つ5点【40点】

(1) $x-4=9$　(　　　)

(2) $x-8=24$　(　　　)

(3) $x-48=6$　(　　　)

(4) $x-14=57$　(　　　)

(5) $9-x=4$　(　　　)

(6) $27-x=22$　(　　　)

(7) $17-x=4$　(　　　)

(8) $45-x=21$　(　　　)

3 xにあてはまる数を答えましょう。　1つ6点【36点】

(1) $x-8=18.8$　(　　　)

(2) $x-0.7=2.5$　(　　　)

(3) $x-4.7=8.2$　(　　　)

(4) $x-12.1=2.7$　(　　　)

(5) $15-x=9.7$　(　　　)

(6) $14.8-x=6.5$　(　　　)

スパイラルコーナー

次の計算をしましょう。　1つ6点【12点】

(1) $50\times2.3=$

(2) $30\times0.17=$

＼もう１回チャレンジ!! ／

文字を使った式④

目標時間 20分

学習した日　月　日

名前

得点　／100点

1604 解説→170ページ

❶ 20dLのジュースをxdL飲んだ残りのジュースの量はydLです。このとき、次の問いに答えましょう。 1つ4点【12点】

(1) xとyの関係を式に表しましょう。

(　　　　　　)

(2) xの値(あたい)が5のときのyの値を求めましょう。

(　　　)

(3) yの値が8のときのxの値を求めましょう。

(　　　)

❷ xにあてはまる数を答えましょう。 1つ5点【40点】

(1) $x-4=9$　(　　　)

(2) $x-8=24$　(　　　)

(3) $x-48=6$　(　　　)

(4) $x-14=57$　(　　　)

(5) $9-x=4$　(　　　)

(6) $27-x=22$　(　　　)

(7) $17-x=4$　(　　　)

(8) $45-x=21$　(　　　)

❸ xにあてはまる数を答えましょう。 1つ6点【36点】

(1) $x-8=18.8$　(　　　)

(2) $x-0.7=2.5$　(　　　)

(3) $x-4.7=8.2$　(　　　)

(4) $x-12.1=2.7$　(　　　)

(5) $15-x=9.7$　(　　　)

(6) $14.8-x=6.5$　(　　　)

スパイラルコーナー

次の計算をしましょう。 1つ6点【12点】

(1) $50\times2.3=$

(2) $30\times0.17=$

5 文字を使った式⑤

学習した日　　月　　日

名前

得点　　／100点

1605
解説→170ページ

1 一辺の長さが何cmかの正方形の周りの長さについて考えます。次の問いに答えましょう。 1つ8点【24点】

(1) 一辺の長さが5cmのときの、正方形の周りの長さを表す式を書きましょう。計算する必要はありません。 (　　　　)cm

(2) 一辺の長さが2.4cmのときの、正方形の周りの長さを表す式を書きましょう。計算する必要はありません。 (　　　　)cm

(3) 一辺の長さが$x$cmのときの、正方形の周りの長さを表す式を書きましょう。 (　　　　)cm

2 $x \times 4$の式について、次の問いに答えましょう。 1つ5点【30点】

(1) xに7をあてはめて、計算しましょう。 (　　　　)

(2) xに22をあてはめて、計算しましょう。 (　　　　)

(3) xに84をあてはめて、計算しましょう。 (　　　　)

(4) xに0.4をあてはめて、計算しましょう。 (　　　　)

(5) xに5.4をあてはめて、計算しましょう。 (　　　　)

(6) xに13.2をあてはめて、計算しましょう。 (　　　　)

3 $x \times 2.5$の式について、次の問いに答えましょう。 1つ5点【20点】

(1) xに3をあてはめて、計算しましょう。 (　　　　)

(2) xに10をあてはめて、計算しましょう。 (　　　　)

(3) xに18をあてはめて、計算しましょう。 (　　　　)

(4) xに4.7をあてはめて、計算しましょう。 (　　　　)

4 次の式のxに11をあてはめて、計算しましょう。 1つ6点【18点】

(1) $13 \times x$ (　　　　)

(2) $2.8 \times x$ (　　　　)

(3) $x \times 3.14$ (　　　　)

スパイラルコーナー

次の計算をしましょう。 1つ4点【8点】

(1) $0.7 \times 0.5 =$

(2) $2.4 \times 0.03 =$

＼もう１回チャレンジ!! ／

5 文字を使った式⑤

目標時間 20分

学習した日　月　日

名前

得点　／100点

1605 解説→170ページ

らくらくマルつけ

❶ 一辺の長さが何cmかの正方形の周りの長さについて考えます。次の問いに答えましょう。 1つ8点【24点】

(1) 一辺の長さが5cmのとき の、正方形の周りの長さを表す式を書きましょう。計算する必要はありません。　(　　　　)cm

(2) 一辺の長さが2.4cmのときの、正方形の周りの長さを表す式を書きましょう。計算する必要はありません。　(　　　　)cm

(3) 一辺の長さが$x$cmのときの、正方形の周りの長さを表す式を書きましょう。　(　　　　)cm

❷ $x \times 4$の式について、次の問いに答えましょう。 1つ5点【30点】

(1) xに7をあてはめて、計算しましょう。　(　　　　)

(2) xに22をあてはめて、計算しましょう。　(　　　　)

(3) xに84をあてはめて、計算しましょう。　(　　　　)

(4) xに0.4をあてはめて、計算しましょう。　(　　　　)

(5) xに5.4をあてはめて、計算しましょう。　(　　　　)

(6) xに13.2をあてはめて、計算しましょう。　(　　　　)

❸ $x \times 2.5$の式について、次の問いに答えましょう。 1つ5点【20点】

(1) xに3をあてはめて、計算しましょう。　(　　　　)

(2) xに10をあてはめて、計算しましょう。　(　　　　)

(3) xに18をあてはめて、計算しましょう。　(　　　　)

(4) xに4.7をあてはめて、計算しましょう。　(　　　　)

❹ 次の式のxに11をあてはめて、計算しましょう。 1つ6点【18点】

(1) $13 \times x$　(　　　　)

(2) $2.8 \times x$　(　　　　)

(3) $x \times 3.14$　(　　　　)

スパイラルコーナー

次の計算をしましょう。 1つ4点【8点】

(1) $0.7 \times 0.5 =$

(2) $2.4 \times 0.03 =$

文字を使った式⑥

学習した日　　月　　日

名前

得点

／100点

1606
解説→171ページ

1 周りの長さが何cmかの正三角形の一辺の長さについて考えます。次の問いに答えましょう。 1つ4点【12点】

(1) 周りの長さが12cmのときの、正三角形の一辺の長さを表す式を書きましょう。計算する必要はありません。(　　　　　)cm

(2) 周りの長さが3.9cmのときの、正三角形の一辺の長さを表す式を書きましょう。計算する必要はありません。(　　　　　)cm

(3) 周りの長さが$x$cmのときの、正三角形の一辺の長さを表す式を書きましょう。(　　　　　)cm

2 $x \div 3$の式について、次の問いに答えましょう。 1つ5点【30点】

(1) xに9をあてはめて、計算しましょう。(　　　　　)

(2) xに27をあてはめて、計算しましょう。(　　　　　)

(3) xに54をあてはめて、計算しましょう。(　　　　　)

(4) xに6.6をあてはめて、計算しましょう。(　　　　　)

(5) xに7.8をあてはめて、計算しましょう。(　　　　　)

(6) xに23.7をあてはめて、計算しましょう。(　　　　　)

3 $60 \div x$の式について、次の問いに答えましょう。 1つ7点【49点】

(1) xに3をあてはめて、計算しましょう。(　　　　　)

(2) xに4をあてはめて、計算しましょう。(　　　　　)

(3) xに12をあてはめて、計算しましょう。(　　　　　)

(4) xに8をあてはめて、計算しましょう。(　　　　　)

(5) xに2.4をあてはめて、計算しましょう。(　　　　　)

(6) xに12.5をあてはめて、計算しましょう。(　　　　　)

(7) xに0.15をあてはめて、計算しましょう。(　　　　　)

スパイラルコーナー **次の式を、くふうして計算しましょう。** 1つ3点【9点】

(1) $0.5 \times 6.89 \times 0.2 =$

(2) $4.45 \times 8 \times 0.125 =$

(3) $2.45 \times 3.14 - 0.45 \times 3.14 =$

＼もう1回チャレンジ!!／

6 文字を使った式⑥

学習した日　月　日
名前
得点
／100点
1606
解説→171ページ

1 周りの長さが何cmかの正三角形の一辺の長さについて考えます。次の問いに答えましょう。 1つ4点【12点】

(1) 周りの長さが12cmのときの、正三角形の一辺の長さを表す式を書きましょう。計算する必要はありません。(　　　　　)cm

(2) 周りの長さが3.9cmのときの、正三角形の一辺の長さを表す式を書きましょう。計算する必要はありません。(　　　　　)cm

(3) 周りの長さが$x$cmのときの、正三角形の一辺の長さを表す式を書きましょう。(　　　　　)cm

2 $x\div3$の式について、次の問いに答えましょう。 1つ5点【30点】

(1) xに9をあてはめて、計算しましょう。(　　　　　)

(2) xに27をあてはめて、計算しましょう。(　　　　　)

(3) xに54をあてはめて、計算しましょう。(　　　　　)

(4) xに6.6をあてはめて、計算しましょう。(　　　　　)

(5) xに7.8をあてはめて、計算しましょう。(　　　　　)

(6) xに23.7をあてはめて、計算しましょう。(　　　　　)

3 $60\div x$の式について、次の問いに答えましょう。 1つ7点【49点】

(1) xに3をあてはめて、計算しましょう。(　　　　　)

(2) xに4をあてはめて、計算しましょう。(　　　　　)

(3) xに12をあてはめて、計算しましょう。(　　　　　)

(4) xに8をあてはめて、計算しましょう。(　　　　　)

(5) xに2.4をあてはめて、計算しましょう。(　　　　　)

(6) xに12.5をあてはめて、計算しましょう。(　　　　　)

(7) xに0.15をあてはめて、計算しましょう。(　　　　　)

スパイラルコーナー

次の式を、くふうして計算しましょう。 1つ3点【9点】

(1) $0.5\times6.89\times0.2=$

(2) $4.45\times8\times0.125=$

(3) $2.45\times3.14-0.45\times3.14=$

7 文字を使った式 ⑦

学習した日　月　日

名前

得点

/100点

1607
解説→171ページ

1 分速80mでx分間歩いたときの道のりはymです。このとき、次の問いに答えましょう。　1つ6点【18点】

(1) xとyの関係を式に表しましょう。

(　　　　)

(2) xの値（あたい）が7のときのyの値を求めましょう。

(　　　　)

(3) yの値が640のときのxの値を求めましょう。

(　　　　)

2 xにあてはまる数を答えましょう。　1つ5点【40点】

(1) $5 \times x = 30$　(　　　　)

(2) $8 \times x = 72$　(　　　　)

(3) $9 \times x = 108$　(　　　　)

(4) $13 \times x = 91$　(　　　　)

(5) $x \times 7 = 49$　(　　　　)

(6) $x \times 4 = 76$　(　　　　)

(7) $x \times 23 = 92$　(　　　　)

(8) $x \times 32 = 160$　(　　　　)

3 xにあてはまる数を答えましょう。　1つ5点【30点】

(1) $0.6 \times x = 2.4$　(　　　　)

(2) $0.5 \times x = 4$　(　　　　)

(3) $2.6 \times x = 18.2$　(　　　　)

(4) $x \times 0.06 = 0.54$　(　　　　)

(5) $x \times 3.8 = 1.9$　(　　　　)

(6) $x \times 60 = 90$　(　　　　)

スパイラルコーナー

次の計算をしましょう。　1つ6点【12点】

(1) $42 \div 1.4 =$

(2) $210 \div 0.35 =$

文字を使った式⑦

目標時間 20分

学習した日　月　日

名前

得点　／100点

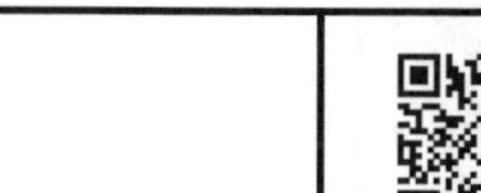

らくらくマルつけ

1607 解説→171ページ

❶ 分速80mでx分間歩いたときの道のりはymです。このとき、次の問いに答えましょう。 1つ6点【18点】

(1) xとyの関係を式に表しましょう。

(　　　)

(2) xの値が7のときのyの値を求めましょう。

(　　　)

(3) yの値が640のときのxの値を求めましょう。

(　　　)

❷ xにあてはまる数を答えましょう。 1つ5点【40点】

(1) $5\times x=30$ (　　　)

(2) $8\times x=72$ (　　　)

(3) $9\times x=108$ (　　　)

(4) $13\times x=91$ (　　　)

(5) $x\times 7=49$ (　　　)

(6) $x\times 4=76$ (　　　)

(7) $x\times 23=92$ (　　　)

(8) $x\times 32=160$ (　　　)

❸ xにあてはまる数を答えましょう。 1つ5点【30点】

(1) $0.6\times x=2.4$ (　　　)

(2) $0.5\times x=4$ (　　　)

(3) $2.6\times x=18.2$ (　　　)

(4) $x\times 0.06=0.54$ (　　　)

(5) $x\times 3.8=1.9$ (　　　)

(6) $x\times 60=90$ (　　　)

スパイラルコーナー

次の計算をしましょう。 1つ6点【12点】

(1) $42\div 1.4=$

(2) $210\div 0.35=$

文字を使った式⑧

学習した日　　月　　日

名前

得点　　／100点

1608
解説→172ページ

1 xL入っているジュースを5人で同じ量ずつ分けたときの1人分はyLになります。このとき、次の問いに答えましょう。　1つ6点【18点】

(1) xとyの関係を式に表しましょう。
（　　　　　）

(2) xの値(あたい)が4のときのyの値を求めましょう。
（　　　　　）

(3) yの値が1.2のときのxの値を求めましょう。
（　　　　　）

2 xにあてはまる数を答えましょう。　1つ5点【40点】

(1) $x\div4=2$
（　　　）

(2) $x\div7=3$
（　　　）

(3) $x\div6=6$
（　　　）

(4) $x\div12=4$
（　　　）

(5) $12\div x=3$
（　　　）

(6) $25\div x=5$
（　　　）

(7) $42\div x=3$
（　　　）

(8) $600\div x=20$
（　　　）

3 xにあてはまる数を答えましょう。　1つ5点【30点】

(1) $x\div6-1.2$
（　　　）

(2) $x\div8=0.8$
（　　　）

(3) $x\div1.4=3.5$
（　　　）

(4) $0.8\div x=0.2$
（　　　）

(5) $9.6\div x=6$
（　　　）

(6) $10.8\div x=13.5$
（　　　）

スパイラルコーナー　次の計算をしましょう。　1つ6点【12点】

(1) $2\div0.25=$

(2) $0.9\div1.8=$

文字を使った式⑧

目標時間 20分

学習した日　　月　　日

名前

得点　　／100点

1608
解説→172ページ

❶ xL入っているジュースを5人で同じ量ずつ分けたときの1人分はyLになります。このとき、次の問いに答えましょう。 1つ6点【18点】

(1) xとyの関係を式に表しましょう。
(　　　　　)

(2) xの値(あたい)が4のときのyの値を求めましょう。
(　　　　　)

(3) yの値が1.2のときのxの値を求めましょう。
(　　　　　)

❷ xにあてはまる数を答えましょう。 1つ5点【40点】

(1) $x \div 4 = 2$
(　　　　　)

(2) $x \div 7 = 3$
(　　　　　)

(3) $x \div 6 = 6$
(　　　　　)

(4) $x \div 12 = 4$
(　　　　　)

(5) $12 \div x = 3$
(　　　　　)

(6) $25 \div x = 5$
(　　　　　)

(7) $42 \div x = 3$
(　　　　　)

(8) $600 \div x = 20$
(　　　　　)

❸ xにあてはまる数を答えましょう。 1つ5点【30点】

(1) $x \div 6 = 1.2$
(　　　　　)

(2) $x \div 8 = 0.8$
(　　　　　)

(3) $x \div 1.4 = 3.5$
(　　　　　)

(4) $0.8 \div x = 0.2$
(　　　　　)

(5) $9.6 \div x = 6$
(　　　　　)

(6) $10.8 \div x = 13.5$
(　　　　　)

スパイラルコーナー

次の計算をしましょう。 1つ6点【12点】

(1) $2 \div 0.25 =$

(2) $0.9 \div 1.8 =$

文字を使った式⑨

学習した日　月　日

名前

得点　／100点

1609
解説→172ページ

1 **$x+8=y$の式について、次の問いに答えましょう。** 1つ5点【20点】

(1) xの値(あたい)が6のときのyの値を求めましょう。
(　　　)

(2) xの値が10.2のときのyの値を求めましょう。
(　　　)

(3) yの値が15のときのxの値を求めましょう。
(　　　)

(4) yの値が35.2のときのxの値を求めましょう。
(　　　)

2 **$15-x=y$の式について、次の問いに答えましょう。** 1つ6点【30点】

(1) xの値が10のときのyの値を求めましょう。
(　　　)

(2) xの値が3.2のときのyの値を求めましょう。
(　　　)

(3) xの値が6.3のときのyの値を求めましょう。
(　　　)

(4) yの値が12のときのxの値を求めましょう。
(　　　)

(5) yの値が11.2のときのxの値を求めましょう。
(　　　)

3 **$3\times x=y$の式について、次の問いに答えましょう。** 1つ8点【24点】

(1) xの値が7のときのyの値を求めましょう。
(　　　)

(2) yの値が48のときのxの値を求めましょう。
(　　　)

(3) yの値が9.6のときのxの値を求めましょう。
(　　　)

4 **$12\div x=y$の式について、次の問いに答えましょう。** 1つ6点【18点】

(1) xの値が6のときのyの値を求めましょう。
(　　　)

(2) yの値が5のときのxの値を求めましょう。
(　　　)

(3) yの値が1.5のときのxの値を求めましょう。
(　　　)

スパイラルコーナー

次のわり算の商を一の位まで求めて、余りも出しましょう。 1つ4点【8点】

(1) $13\div1.6$　　(2) $24.7\div4.7$

(　　　)　(　　　)

文字を使った式⑨

学習した日　　月　　日

名前

得点　　／100点

1609
解説→172ページ

❶ $x+8=y$の式について、次の問いに答えましょう。　1つ5点【20点】

(1) xの値(あたい)が6のときのyの値を求めましょう。
(　　　　)

(2) xの値が10.2のときのyの値を求めましょう。
(　　　　)

(3) yの値が15のときのxの値を求めましょう。
(　　　　)

(4) yの値が35.2のときのxの値を求めましょう。
(　　　　)

❷ $15-x=y$の式について、次の問いに答えましょう。　1つ6点【30点】

(1) xの値が10のときのyの値を求めましょう。
(　　　　)

(2) xの値が3.2のときのyの値を求めましょう。
(　　　　)

(3) xの値が6.3のときのyの値を求めましょう。
(　　　　)

(4) yの値が12のときのxの値を求めましょう。
(　　　　)

(5) yの値が11.2のときのxの値を求めましょう。
(　　　　)

❸ $3\times x=y$の式について、次の問いに答えましょう。　1つ8点【24点】

(1) xの値が7のときのyの値を求めましょう。
(　　　　)

(2) yの値が48のときのxの値を求めましょう。
(　　　　)

(3) yの値が9.6のときのxの値を求めましょう。
(　　　　)

❹ $12\div x=y$の式について、次の問いに答えましょう。　1つ6点【18点】

(1) xの値が6のときのyの値を求めましょう。
(　　　　)

(2) yの値が5のときのxの値を求めましょう。
(　　　　)

(3) yの値が1.5のときのxの値を求めましょう。
(　　　　)

スパイラルコーナー
次のわり算の商を一の位まで求めて、余りも出しましょう。　1つ4点【8点】

(1) $13\div1.6$　　(2) $24.7\div4.7$

(　　　　)　(　　　　)

10 まとめのテスト❶

目標時間 20分

学習した日　　月　　日

名前

得点　　／100点

1610
解説→172ページ

1 $x+12$の式について、次の問いに答えましょう。　1つ6点【12点】

(1) xに28をあてはめて、計算しましょう。

(　　　　　)

(2) xに7.9をあてはめて、計算しましょう。

(　　　　　)

2 $14.6-x$の式について、次の問いに答えましょう。　1つ6点【12点】

(1) xに6をあてはめて、計算しましょう。

(　　　　　)

(2) xに7.5をあてはめて、計算しましょう。

(　　　　　)

3 $x\times1.76$の式について、次の問いに答えましょう。　1つ7点【14点】

(1) xに3をあてはめて、計算しましょう。

(　　　　　)

(2) xに16をあてはめて、計算しましょう。

(　　　　　)

4 $36\div x$の式について、次の問いに答えましょう。　1つ7点【14点】

(1) xに12をあてはめて、計算しましょう。

(　　　　　)

(2) xに16をあてはめて、計算しましょう。

(　　　　　)

5 次の式のxに18をあてはめて、計算しましょう。　1つ6点【36点】

(1) $4.7+x$

(　　　　　)

(2) $x-11$

(　　　　　)

(3) $35-x$

(　　　　　)

(4) $x\times0.5$

(　　　　　)

(5) $45\div x$

(　　　　　)

(6) $x\div50$

(　　　　　)

6 昨日の気温はx℃でした。今日の気温は昨日の気温から6℃上がって、y℃になるそうです。このとき、次の問いに答えましょう。　1つ4点【12点】

(1) xとyの関係を式に表しましょう。

(　　　　　)

(2) xの値(あたい)が4のときのyの値を求めましょう。

(　　　　　)

(3) yの値が12のときのxの値を求めましょう。

(　　　　　)

\ もう１回チャレンジ!! /

10 まとめのテスト❶

目標時間 20分

学習した日　月　日

名前

得点　／100点

1610 解説→172ページ

❶ x＋12の式について、次の問いに答えましょう。 1つ6点【12点】

(1) xに28をあてはめて、計算しましょう。

(　　　　　)

(2) xに7.9をあてはめて、計算しましょう。

(　　　　　)

❷ 14.6－xの式について、次の問いに答えましょう。 1つ6点【12点】

(1) xに6をあてはめて、計算しましょう。

(　　　　　)

(2) xに7.5をあてはめて、計算しましょう。

(　　　　　)

❸ x×1.76の式について、次の問いに答えましょう。 1つ7点【14点】

(1) xに3をあてはめて、計算しましょう。

(　　　　　)

(2) xに16をあてはめて、計算しましょう。

(　　　　　)

❹ 36÷xの式について、次の問いに答えましょう。 1つ7点【14点】

(1) xに12をあてはめて、計算しましょう。

(　　　　　)

(2) xに16をあてはめて、計算しましょう。

(　　　　　)

❺ 次の式のxに18をあてはめて、計算しましょう。 1つ6点【36点】

(1) 4.7＋x

(　　　　　)

(2) x－11

(　　　　　)

(3) 35－x

(　　　　　)

(4) x×0.5

(　　　　　)

(5) 45÷x

(　　　　　)

(6) x÷50

(　　　　　)

❻ 昨日の気温はx°Cでした。今日の気温は昨日の気温から6°C上がって、y°Cになるそうです。このとき、次の問いに答えましょう。 1つ4点【12点】

(1) xとyの関係を式に表しましょう。

(　　　　　)

(2) xの値(あたい)が4のときのyの値を求めましょう。

(　　　　　)

(3) yの値が12のときのxの値を求めましょう。

(　　　　　)

まとめのテスト❷

学習した日　月　日

名前

得点

／100点

1611
解説→173ページ

❶ xにあてはまる数を答えましょう。 1つ5点【50点】

(1) $x+10=50$ (　　　)

(2) $16+x=40$ (　　　)

(3) $x-12=14$ (　　　)

(4) $35-x=4$ (　　　)

(5) $20-x=17$ (　　　)

(6) $x\times5=25$ (　　　)

(7) $18\times x=72$ (　　　)

(8) $x\div6=15$ (　　　)

(9) $x\div12=12$ (　　　)

(10) $108\div x=6$ (　　　)

❷ xにあてはまる数を答えましょう。 1つ5点【30点】

(1) $x+4.8=9$ (　　　)

(2) $0.05+x=0.42$ (　　　)

(3) $x-6.5=12$ (　　　)

(4) $x\times1.4=70$ (　　　)

(5) $5.2\times x=7.28$ (　　　)

(6) $x\div4.4=10$ (　　　)

❸ 底辺が$x$cmで高さが8cmの平行四辺形の面積を$y\text{cm}^2$とします。このとき、次の問いに答えましょう。 1つ5点【20点】

(1) xとyの関係を式に表しましょう。 (　　　)

(2) xの値(あたい)が12のときのyの値を求めましょう。 (　　　)

(3) xの値が10.2のときのyの値を求めましょう。 (　　　)

(4) yの値が37.6のときのxの値を求めましょう。 (　　　)

＼もう1回チャレンジ!! ／

11 まとめのテスト❷

学習した日　月　日

名前

得点　／100点

1611
解説→173ページ

❶ xにあてはまる数を答えましょう。 1つ5点【50点】

(1) $x+10=50$　(　　　)

(2) $16+x=40$　(　　　)

(3) $x-12=14$　(　　　)

(4) $35-x=4$　(　　　)

(5) $20-x=17$　(　　　)

(6) $x\times5=25$　(　　　)

(7) $18\times x=72$　(　　　)

(8) $x\div6=15$　(　　　)

(9) $x\div12=12$　(　　　)

(10) $108\div x=6$　(　　　)

❷ xにあてはまる数を答えましょう。 1つ5点【30点】

(1) $x+4.8=9$　(　　　)

(2) $0.05+x=0.42$　(　　　)

(3) $x-6.5=12$　(　　　)

(4) $x\times1.4=70$　(　　　)

(5) $5.2\times x=7.28$　(　　　)

(6) $x\div4.4=10$　(　　　)

❸ 底辺が$x$cmで高さが8cmの平行四辺形の面積を$y$cm^{2}とします。このとき、次の問いに答えましょう。 1つ5点【20点】

(1) xとyの関係を式に表しましょう。　(　　　)

(2) xの値(あたい)が12のときのyの値を求めましょう。　(　　　)

(3) xの値が10.2のときのyの値を求めましょう。　(　　　)

(4) yの値が37.6のときのxの値を求めましょう。　(　　　)

分数×整数 ①

学習した日　　月　　日

名前

得点

／100点

1612
解説→173ページ

1 次の計算をしましょう。　1つ6点【48点】

(例) $\frac{3}{7}\times2=\frac{3\times2}{7}=\frac{6}{7}$

(1) $\frac{2}{5}\times2=$

(2) $\frac{1}{4}\times3=$

(3) $\frac{2}{9}\times4=$

(4) $\frac{3}{10}\times3=$

(5) $\frac{1}{6}\times5=$

(6) $\frac{1}{7}\times4=$

(7) $\frac{1}{3}\times2=$

(8) $\frac{1}{8}\times5=$

2 次の計算をしましょう。　1つ7点【42点】

(1) $\frac{4}{9}\times4=$

(2) $\frac{2}{11}\times3=$

(3) $\frac{8}{13}\times2=$

(4) $\frac{1}{15}\times11=$

(5) $\frac{5}{18}\times5=$

(6) $\frac{9}{17}\times3=$

$9+x$の式について、次の問いに答えましょう。　1つ5点【10点】

(1) xに13をあてはめて、計算しましょう。

(　　　　　)

(2) xに9.6をあてはめて、計算しましょう。

(　　　　　)

＼もう１回チャレンジ!!／

分数×整数 ①

学習した日　　月　　日

名前

得点

／100点

1612
解説→173ページ

❶ 次の計算をしましょう。 1つ6点【48点】

(例) $\frac{3}{7}\times 2=\frac{3\times 2}{7}=\frac{6}{7}$

(1) $\frac{2}{5}\times 2=$

(2) $\frac{1}{4}\times 3=$

(3) $\frac{2}{9}\times 4=$

(4) $\frac{3}{10}\times 3=$

(5) $\frac{1}{6}\times 5=$

(6) $\frac{1}{7}\times 4=$

(7) $\frac{1}{3}\times 2=$

(8) $\frac{1}{8}\times 5=$

❷ 次の計算をしましょう。 1つ7点【42点】

(1) $\frac{4}{9}\times 4=$

(2) $\frac{2}{11}\times 3=$

(3) $\frac{8}{13}\times 2=$

(4) $\frac{1}{15}\times 11=$

(5) $\frac{5}{18}\times 5=$

(6) $\frac{9}{17}\times 3=$

$9+x$の式について、次の問いに答えましょう。 1つ5点【10点】

(1) xに１３をあてはめて、計算しましょう。

(　　　　　)

(2) xに９.６をあてはめて、計算しましょう。

(　　　　　)

分数×整数 ②

学習した日　　月　　日

名前

得点

／100点

1613
解説→173ページ

1 次の計算をしましょう。　1つ6点【48点】

(例) $\frac{5}{12}\times 8=\frac{5\times \overset{2}{\cancel{8}}}{\underset{3}{\cancel{12}}}=\frac{10}{3}\left(3\frac{1}{3}\right)$

(1) $\frac{3}{8}\times 2=$

(2) $\frac{4}{9}\times 3=$

(3) $\frac{1}{4}\times 2=$

(4) $\frac{5}{8}\times 4=$

(5) $\frac{1}{6}\times 2=$

(6) $\frac{3}{10}\times 5=$

(7) $\frac{3}{14}\times 7=$

(8) $\frac{8}{15}\times 5=$

2 次の計算をしましょう。　1つ7点【42点】

(1) $\frac{2}{3}\times 3=$

(2) $\frac{4}{15}\times 5=$

(3) $\frac{3}{7}\times 14=$

(4) $\frac{5}{9}\times 18=$

(5) $\frac{7}{12}\times 6=$

(6) $\frac{10}{21}\times 14=$

スパイラルコーナー

$7-x$の式について、次の問いに答えましょう。　1つ5点【10点】

(1) xに4をあてはめて、計算しましょう。

(　　　　)

(2) xに4.3をあてはめて、計算しましょう。

(　　　　)

＼もう１回チャレンジ!!／

分数×整数 ②

学習した日　月　日

名前

得点　／100点

1613
解説→173ページ

❶ 次の計算をしましょう。

1つ6点【48点】

(例) $\frac{5}{12}\times 8=\frac{5\times \overset{2}{\cancel{8}}}{\underset{3}{\cancel{12}}}=\frac{10}{3}\left(3\frac{1}{3}\right)$

(1) $\frac{3}{8}\times 2=$

(2) $\frac{4}{9}\times 3=$

(3) $\frac{1}{4}\times 2=$

(4) $\frac{5}{8}\times 4=$

(5) $\frac{1}{6}\times 2=$

(6) $\frac{3}{10}\times 5=$

(7) $\frac{3}{14}\times 7=$

(8) $\frac{8}{15}\times 5=$

❷ 次の計算をしましょう。

1つ7点【42点】

(1) $\frac{2}{3}\times 3=$

(2) $\frac{4}{15}\times 5=$

(3) $\frac{3}{7}\times 14=$

(4) $\frac{5}{9}\times 18=$

(5) $\frac{7}{12}\times 6=$

(6) $\frac{10}{21}\times 14=$

スパイラルコーナー

$7-x$ の式について、次の問いに答えましょう。

1つ5点【10点】

(1) x に 4 をあてはめて、計算しましょう。

(　　　　)

(2) x に 4.3 をあてはめて、計算しましょう。

(　　　　)

分数÷整数 ①

学習した日　　月　　日

名前

得点

／100点

1614
解説→174ページ

らくらくマルつけ

1 次の計算をしましょう。　1つ6点【48点】

(例) $\frac{2}{5}\div 3=\frac{2}{5\times 3}=\frac{2}{15}$

(1) $\frac{2}{3}\div 3=$

(2) $\frac{3}{7}\div 2=$

(3) $\frac{1}{6}\div 3=$

(4) $\frac{5}{8}\div 4=$

(5) $\frac{7}{9}\div 4=$

(6) $\frac{3}{10}\div 2=$

(7) $\frac{8}{11}\div 3=$

(8) $\frac{3}{4}\div 7=$

2 次の計算をしましょう。　1つ7点【42点】

(1) $\frac{5}{4}\div 2=$

(2) $\frac{9}{7}\div 5=$

(3) $\frac{8}{3}\div 3=$

(4) $\frac{7}{10}\div 4=$

(5) $\frac{11}{3}\div 6=$

(6) $\frac{7}{12}\div 2=$

スパイラルコーナー

$x\times 6$の式について、次の問いに答えましょう。　1つ5点【10点】

(1) xに14をあてはめて、計算しましょう。

(　　　　　)

(2) xに2.7をあてはめて、計算しましょう。

(　　　　　)

\ もう1回チャレンジ!! /

14 分数÷整数 ①

目標時間 20分

学習した日　月　日

名前

得点　／100点

らくらくマルつけ

1614
解説→174ページ

❶ 次の計算をしましょう。　1つ6点【48点】

(例) $\frac{2}{5}\div3=\frac{2}{5\times3}=\frac{2}{15}$

(1) $\frac{2}{3}\div3=$

(2) $\frac{3}{7}\div2=$

(3) $\frac{1}{6}\div3=$

(4) $\frac{5}{8}\div4=$

(5) $\frac{7}{9}\div4=$

(6) $\frac{3}{10}\div2=$

(7) $\frac{8}{11}\div3=$

(8) $\frac{3}{4}\div7=$

❷ 次の計算をしましょう。　1つ7点【42点】

(1) $\frac{5}{4}\div2=$

(2) $\frac{9}{7}\div5=$

(3) $\frac{8}{3}\div3=$

(4) $\frac{7}{10}\div4=$

(5) $\frac{11}{3}\div6=$

(6) $\frac{7}{12}\div2=$

スパイラルコーナー

$x\times6$の式について、次の問いに答えましょう。　1つ5点【10点】

(1) xに14をあてはめて、計算しましょう。

(　　　　)

(2) xに2.7をあてはめて、計算しましょう。

(　　　　)

15 分数÷整数 ②

学習した日　月　日

名前

得点

／100点

1615
解説→174ページ

1 次の計算をしましょう。　1つ6点【48点】

(例) $\frac{8}{7}\div 6=\frac{\overset{4}{\cancel{8}}}{7\times \underset{3}{\cancel{6}}}=\frac{4}{21}$

(1) $\frac{6}{7}\div 2=$

(2) $\frac{9}{10}\div 3=$

(3) $\frac{5}{9}\div 10=$

(4) $\frac{4}{7}\div 8=$

(5) $\frac{10}{9}\div 4=$

(6) $\frac{9}{8}\div 6=$

(7) $\frac{3}{5}\div 9=$

(8) $\frac{12}{13}\div 8=$

2 次の計算をしましょう。　1つ7点【42点】

(1) $\frac{27}{10}\div 3=$

(2) $\frac{45}{16}\div 9=$

(3) $\frac{7}{12}\div 14=$

(4) $\frac{9}{10}\div 18=$

(5) $\frac{10}{27}\div 15=$

(6) $\frac{20}{7}\div 12=$

スパイラルコーナー

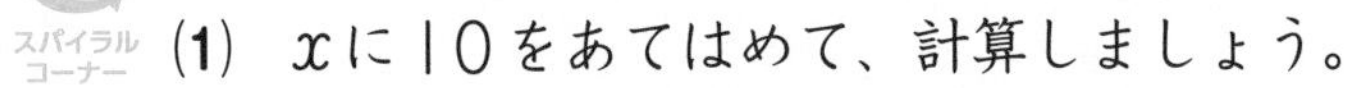

$12\div x$の式について、次の問いに答えましょう。　1つ5点【10点】

(1) xに10をあてはめて、計算しましょう。

(　　　　)

(2) xに1.5をあてはめて、計算しましょう。

(　　　　)

＼もう１回チャレンジ!!／

分数÷整数②

学習した日　月　日

名前

得点　／100点

1615
解説→174ページ

❶ 次の計算をしましょう。　1つ6点【48点】

(例) $\frac{8}{7}\div 6=\frac{\overset{4}{\cancel{8}}}{7\times\underset{3}{\cancel{6}}}=\frac{4}{21}$

(1) $\frac{6}{7}\div 2=$

(2) $\frac{9}{10}\div 3=$

(3) $\frac{5}{9}\div 10=$

(4) $\frac{4}{7}\div 8=$

(5) $\frac{10}{9}\div 4=$

(6) $\frac{9}{8}\div 6=$

(7) $\frac{3}{5}\div 9=$

(8) $\frac{12}{13}\div 8=$

❷ 次の計算をしましょう。　1つ7点【42点】

(1) $\frac{27}{10}\div 3=$

(2) $\frac{45}{16}\div 9=$

(3) $\frac{7}{12}\div 14=$

(4) $\frac{9}{10}\div 18=$

(5) $\frac{10}{27}\div 15=$

(6) $\frac{20}{7}\div 12=$

スパイラルコーナー

$12\div x$ の式について、次の問いに答えましょう。　1つ5点【10点】

(1) x に10をあてはめて、計算しましょう。

(　　　　)

(2) x に1.5をあてはめて、計算しましょう。

(　　　　)

まとめのテスト③

目標時間 20分

学習した日　月　日

名前

得点　／100点

1616 解説→174ページ

らくらくマルつけ

① 次の計算をしましょう。　1つ7点【56点】

(1) $\frac{1}{7}\times 6=$

(2) $\frac{4}{9}\times 2=$

(3) $\frac{5}{6}\times 5=$

(4) $\frac{3}{11}\times 3=$

(5) $\frac{5}{9}\times 3=$

(6) $\frac{7}{15}\times 5=$

(7) $\frac{3}{8}\times 8=$

(8) $\frac{2}{3}\times 6=$

② 次の計算をしましょう。　1つ8点【32点】

(1) $\frac{8}{21}\times 3=$

(2) $\frac{2}{9}\times 45=$

(3) $\frac{3}{4}\times 10=$

(4) $\frac{7}{20}\times 12=$

③ 1冊(さつ)の重さが$\frac{13}{20}$kgの本があります。この本6冊では何kgになりますか。　【全部できて12点】

(式)

答え(　　　　　　)

＼もう１回チャレンジ!!／

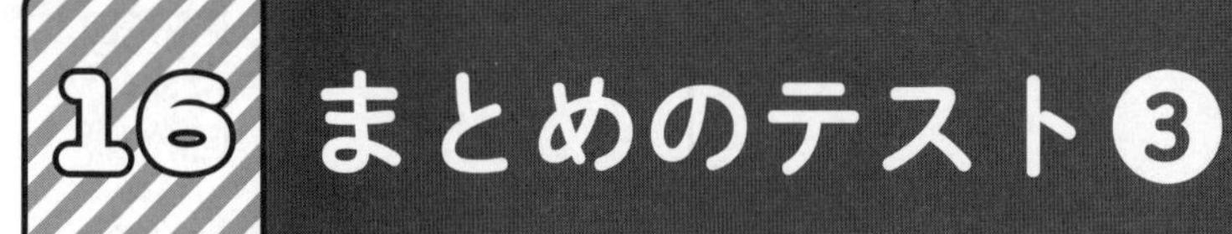

16 まとめのテスト❸

目標時間 20分

学習した日　　月　　日

名前

得点　／100点

1616
解説→174ページ

❶ 次の計算をしましょう。　1つ7点【56点】

(1) $\frac{1}{7}\times6=$

(2) $\frac{4}{9}\times2=$

(3) $\frac{5}{6}\times5=$

(4) $\frac{3}{11}\times3=$

(5) $\frac{5}{9}\times3=$

(6) $\frac{7}{15}\times5=$

(7) $\frac{3}{8}\times8=$

(8) $\frac{2}{3}\times6=$

❷ 次の計算をしましょう。　1つ8点【32点】

(1) $\frac{8}{21}\times3=$

(2) $\frac{2}{9}\times45=$

(3) $\frac{3}{4}\times10=$

(4) $\frac{7}{20}\times12=$

❸ 1冊の重さが $\frac{13}{20}$ kgの本があります。この本6冊では何kgになりますか。　【全部できて12点】

(式)

答え(　　　　　　)

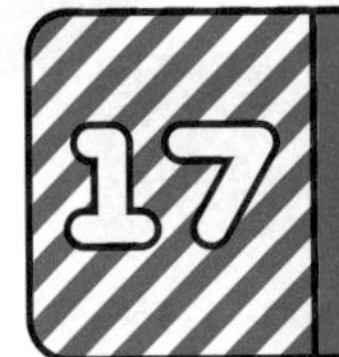

17 まとめのテスト④

学習した日　　月　　日

名前

得点　　／100点

1617
解説→175ページ

❶ 次の計算をしましょう。　1つ7点【56点】

(1) $\frac{5}{7} \div 2 =$

(2) $\frac{4}{3} \div 3 =$

(3) $\frac{1}{6} \div 8 =$

(4) $\frac{21}{16} \div 2 =$

(5) $\frac{9}{5} \div 9 =$

(6) $\frac{22}{13} \div 2 =$

(7) $\frac{63}{8} \div 7 =$

(8) $\frac{9}{4} \div 18 =$

❷ 次の計算をしましょう。　1つ8点【32点】

(1) $\frac{14}{5} \div 6 =$

(2) $\frac{10}{9} \div 25 =$

(3) $\frac{21}{16} \div 14 =$

(4) $\frac{16}{11} \div 24 =$

❸ $\frac{35}{6}$Lのオレンジジュースを20人で同じ量に分けます。オレンジジュースは1人何Lになりますか。　【全部できて12点】

(式)

答え(　　　　　)

＼もう１回チャレンジ!!／

17 まとめのテスト❹

目標時間 20分

学習した日　　月　　日	得点
名前	／100点

1617 解説→175ページ

❶ 次の計算をしましょう。 1つ7点【56点】

(1) $\frac{5}{7} \div 2 =$

(2) $\frac{4}{3} \div 3 =$

(3) $\frac{1}{6} \div 8 =$

(4) $\frac{21}{16} \div 2 =$

(5) $\frac{9}{5} \div 9 =$

(6) $\frac{22}{13} \div 2 =$

(7) $\frac{63}{8} \div 7 =$

(8) $\frac{9}{4} \div 18 =$

❷ 次の計算をしましょう。 1つ8点【32点】

(1) $\frac{14}{5} \div 6 =$

(2) $\frac{10}{9} \div 25 =$

(3) $\frac{21}{16} \div 14 =$

(4) $\frac{16}{11} \div 24 =$

❸ $\frac{35}{6}$Ｌのオレンジジュースを20人で同じ量に分けます。オレンジジュースは１人何Ｌになりますか。 【全部できて12点】

(式)

答え(　　　　　)

パズル ①

目標時間 20分

学習した日　　月　　日

名前

得点　　／100点

1618

解説→175ページ

❶ 次の◯にあてはまる数を求めましょう。　1つ12点【48点】

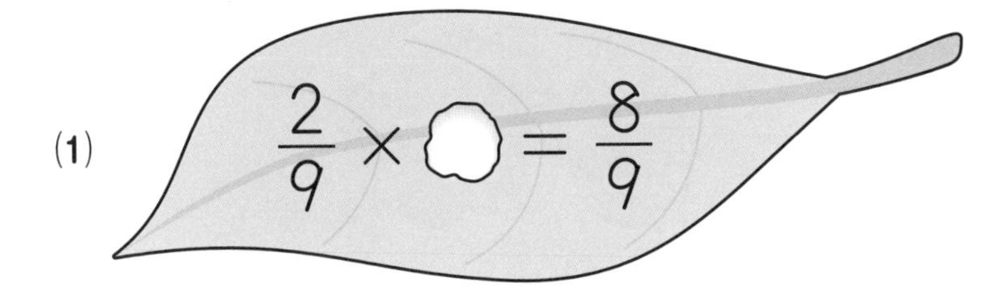

(1) $\frac{2}{9} \times \bigcirc = \frac{8}{9}$　(　　　)

(2) $\frac{\bigcirc}{7} \times 3 = \frac{6}{7}$　(　　　)

(3) $\frac{6}{7} \times \bigcirc = 1\frac{5}{7}$　(　　　)

(4) $\frac{\bigcirc}{9} \times 5 = 3\frac{8}{9}$　(　　　)

❷ 次の◯にあてはまる数を求めましょう。　1つ13点【52点】

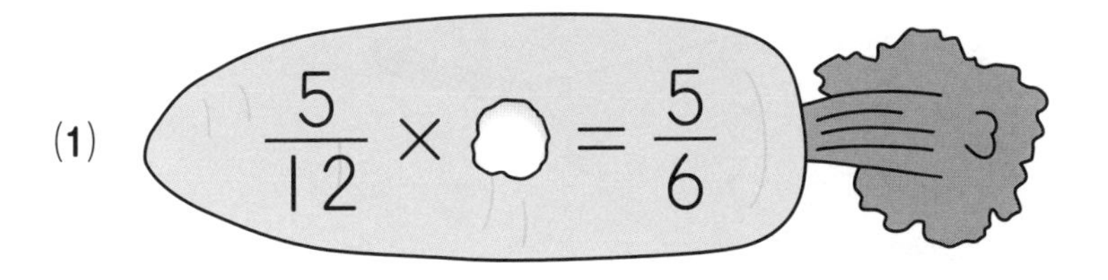

(1) $\frac{5}{12} \times \bigcirc = \frac{5}{6}$　(　　　)

(2) $\frac{\bigcirc}{3} \times 6 = 10$　(　　　)

(3) $\frac{3}{20} \times \bigcirc = 2\frac{1}{4}$　(　　　)

(4) $\frac{5}{\bigcirc} \times 4 = \frac{5}{4}$　(　　　)

パズル①

目標時間 20分

✎学習した日　　月　　日

名前

得点　　／100点

1618
解説→175ページ

らくらくマルつけ

❶ 次の○にあてはまる数を求めましょう。 1つ12点【48点】

(1)

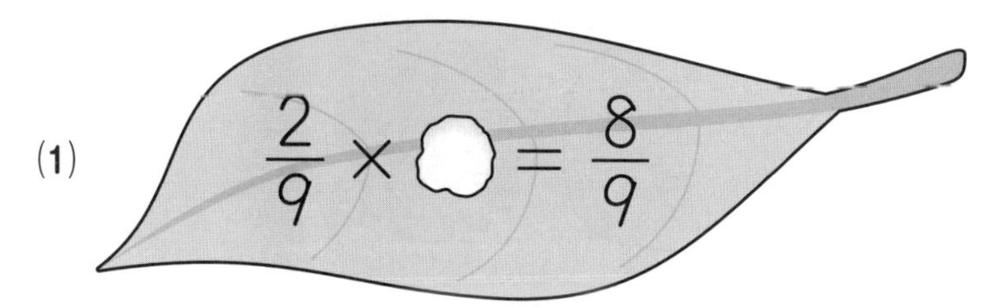

$\frac{2}{9} \times \bigcirc = \frac{8}{9}$

(　　　)

(2)

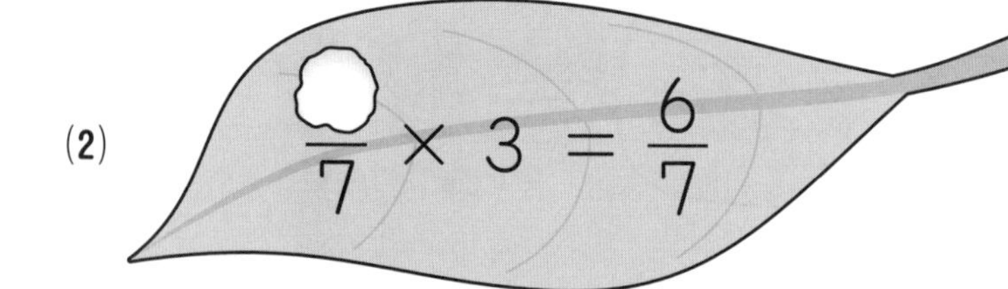

$\frac{\bigcirc}{7} \times 3 = \frac{6}{7}$

(　　　)

(3)

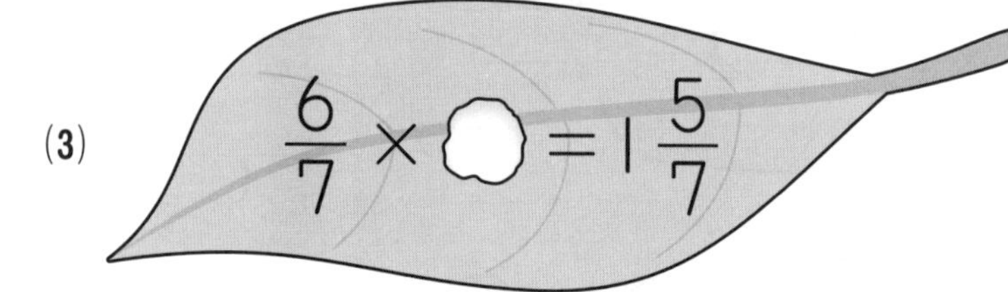

$\frac{6}{7} \times \bigcirc = 1\frac{5}{7}$

(　　　)

(4)

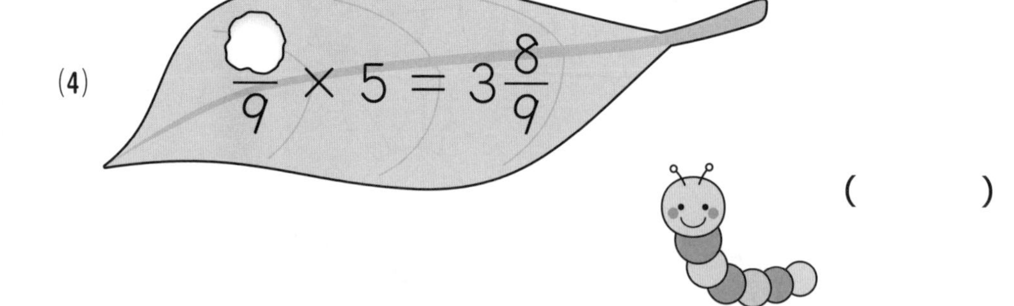

$\frac{\bigcirc}{9} \times 5 = 3\frac{8}{9}$

(　　　)

❷ 次の○にあてはまる数を求めましょう。 1つ13点【52点】

(1)

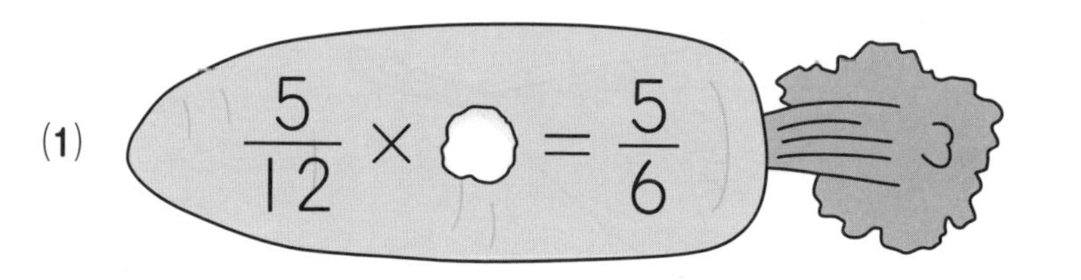

$\frac{5}{12} \times \bigcirc = \frac{5}{6}$

(　　　)

(2) $\frac{\bigcirc}{3} \times 6 = 10$

(　　　)

(3) $\frac{3}{20} \times \bigcirc = 2\frac{1}{4}$

(　　　)

(4) $\frac{5}{\bigcirc} \times 4 = \frac{5}{4}$

(　　　)

19 分数のかけ算①

学習した日　　月　　日

名前

得点

／100点

1619
解説→176ページ

❶ 次の計算をしましょう。

1つ6点【48点】

(例) $\frac{3}{5}\times\frac{4}{7}=\frac{3\times4}{5\times7}=\frac{12}{35}$

(1) $\frac{1}{3}\times\frac{1}{7}=$

(2) $\frac{5}{6}\times\frac{1}{4}=$

(3) $\frac{3}{7}\times\frac{2}{5}=$

(4) $\frac{2}{5}\times\frac{7}{3}=$

(5) $\frac{3}{8}\times\frac{3}{8}=$

(6) $\frac{7}{4}\times\frac{5}{8}=$

(7) $\frac{3}{5}\times\frac{3}{4}=$

(8) $\frac{1}{6}\times\frac{7}{9}=$

❷ 次の計算をしましょう。

1つ7点【42点】

(1) $\frac{5}{3}\times\frac{7}{12}=$

(2) $\frac{7}{6}\times\frac{7}{10}=$

(3) $\frac{8}{11}\times\frac{5}{9}=$

(4) $\frac{9}{22}\times\frac{3}{2}=$

(5) $\frac{9}{25}\times\frac{7}{2}=$

(6) $\frac{9}{23}\times\frac{9}{4}=$

スパイラルコーナー

$x\div4=y$ の式について、次の問いに答えましょう。

1つ5点【10点】

(1) x の値(あたい)が10のときの y の値を求めましょう。

(　　　　)

(2) y の値が8のときの x の値を求めましょう。

(　　　　)

＼もう１回チャレンジ!!／

分数のかけ算①

学習した日　　月　　日

名前

得点　　／100点

1619

解説→176ページ

❶ 次の計算をしましょう。 1つ6点【48点】

（例）$\frac{3}{5}\times\frac{4}{7}=\frac{3\times4}{5\times7}=\frac{12}{35}$

(1) $\frac{1}{3}\times\frac{1}{7}=$

(2) $\frac{5}{6}\times\frac{1}{4}=$

(3) $\frac{3}{7}\times\frac{2}{5}=$

(4) $\frac{2}{5}\times\frac{7}{3}=$

(5) $\frac{3}{8}\times\frac{3}{8}=$

(6) $\frac{7}{4}\times\frac{5}{8}=$

(7) $\frac{3}{5}\times\frac{3}{4}=$

(8) $\frac{1}{6}\times\frac{7}{9}=$

❷ 次の計算をしましょう。 1つ7点【42点】

(1) $\frac{5}{3}\times\frac{7}{12}=$

(2) $\frac{7}{6}\times\frac{7}{10}=$

(3) $\frac{8}{11}\times\frac{5}{9}=$

(4) $\frac{9}{22}\times\frac{3}{2}=$

(5) $\frac{9}{25}\times\frac{7}{2}=$

(6) $\frac{9}{23}\times\frac{9}{4}=$

スパイラルコーナー

$x\div4=y$の式について、次の問いに答えましょう。 1つ5点【10点】

(1) xの値（あたい）が10のときのyの値を求めましょう。

（　　　　）

(2) yの値が8のときのxの値を求めましょう。

（　　　　）

分数のかけ算②

目標時間 20分

学習した日　　月　　日

名前

得点

／100点

1620
解説→176ページ

❶ 次の計算をしましょう。 1つ6点【48点】

(例) $2\times\frac{3}{7}=\frac{2}{1}\times\frac{3}{7}=\frac{2\times3}{1\times7}=\frac{6}{7}$

(1) $7\times\frac{1}{8}=$

(2) $5\times\frac{4}{9}=$

(3) $3\times\frac{3}{13}=$

(4) $6\times\frac{2}{17}=$

(5) $2\times\frac{4}{15}=$

(6) $4\times\frac{5}{27}=$

(7) $6\times\frac{2}{13}=$

(8) $3\times\frac{3}{16}=$

❷ 次の計算をしましょう。 1つ7点【42点】

(1) $3\times\frac{5}{2}=$

(2) $7\times\frac{7}{10}=$

(3) $11\times\frac{3}{13}=$

(4) $17\times\frac{4}{75}=$

(5) $22\times\frac{3}{7}=$

(6) $15\times\frac{4}{49}=$

スパイラルコーナー

$x+2.4$ の式について、次の問いに答えましょう。 1つ5点【10点】

(1) x に7をあてはめて、計算しましょう。

（　　　　）

(2) x に9.6をあてはめて、計算しましょう。

（　　　　）

＼もう１回チャレンジ!!／

分数のかけ算②

学習した日　　月　　日

名前

得点　　／100点

1620

解説→176ページ

❶ 次の計算をしましょう。 1つ6点【48点】

(例) $2\times\frac{3}{7}=\frac{2}{1}\times\frac{3}{7}=\frac{2\times3}{1\times7}=\frac{6}{7}$

(1) $7\times\frac{1}{8}=$

(2) $5\times\frac{4}{9}=$

(3) $3\times\frac{3}{13}=$

(4) $6\times\frac{2}{17}=$

(5) $2\times\frac{4}{15}=$

(6) $4\times\frac{5}{27}=$

(7) $6\times\frac{2}{13}=$

(8) $3\times\frac{3}{16}=$

❷ 次の計算をしましょう。 1つ7点【42点】

(1) $3\times\frac{5}{2}=$

(2) $7\times\frac{7}{10}=$

(3) $11\times\frac{3}{13}=$

(4) $17\times\frac{4}{75}=$

(5) $22\times\frac{3}{7}=$

(6) $15\times\frac{4}{49}=$

スパイラルコーナー

$x+2.4$ の式について、次の問いに答えましょう。 1つ5点【10点】

(1) x に 7 をあてはめて、計算しましょう。

(　　　　)

(2) x に 9.6 をあてはめて、計算しましょう。

(　　　　)

分数のかけ算③

学習した日　　月　　日

名前

得点　　／100点

1621
解説→176ページ

1 次の計算をしましょう。　1つ6点【48点】

(例) $\frac{2}{3}\times\frac{9}{8}=\frac{\overset{1}{\cancel{2}}\times\overset{3}{\cancel{9}}}{\underset{1}{\cancel{3}}\times\underset{4}{\cancel{8}}}=\frac{3}{4}$

(1) $\frac{2}{7}\times\frac{3}{4}=$

(2) $\frac{3}{8}\times\frac{5}{6}=$

(3) $\frac{1}{10}\times\frac{5}{2}=$

(4) $\frac{5}{12}\times\frac{8}{9}=$

(5) $\frac{3}{4}\times\frac{2}{9}=$

(6) $\frac{5}{16}\times\frac{12}{25}=$

(7) $\frac{5}{14}\times\frac{7}{10}=$

(8) $\frac{5}{18}\times\frac{2}{15}=$

2 次の計算をしましょう。　1つ7点【42点】

(1) $\frac{9}{5}\times\frac{10}{3}=$

(2) $\frac{20}{7}\times\frac{14}{5}=$

(3) $\frac{5}{36}\times\frac{27}{25}=$

(4) $\frac{5}{21}\times\frac{14}{15}=$

(5) $\frac{11}{42}\times\frac{3}{22}=$

(6) $\frac{8}{39}\times\frac{13}{14}=$

スパイラルコーナー

$x-5.1$ の式について、次の問いに答えましょう。　1つ5点【10点】

(1) x に 11.1 をあてはめて、計算しましょう。

(　　　　)

(2) x に 8.8 をあてはめて、計算しましょう。

(　　　　)

＼もう1回チャレンジ!!／

分数のかけ算③

目標時間 20分

学習した日　月　日

名前

得点　／100点

1621 解説→176ページ

❶ 次の計算をしましょう。 1つ6点【48点】

(例) $\frac{2}{3}\times\frac{9}{8}=\frac{\overset{1}{\cancel{2}}\times\overset{3}{\cancel{9}}}{\underset{1}{\cancel{3}}\times\underset{4}{\cancel{8}}}=\frac{3}{4}$

(1) $\frac{2}{7}\times\frac{3}{4}=$

(2) $\frac{3}{8}\times\frac{5}{6}=$

(3) $\frac{1}{10}\times\frac{5}{2}=$

(4) $\frac{5}{12}\times\frac{8}{9}=$

(5) $\frac{3}{4}\times\frac{2}{9}=$

(6) $\frac{5}{16}\times\frac{12}{25}=$

(7) $\frac{5}{14}\times\frac{7}{10}=$

(8) $\frac{5}{18}\times\frac{2}{15}=$

❷ 次の計算をしましょう。 1つ7点【42点】

(1) $\frac{9}{5}\times\frac{10}{3}=$

(2) $\frac{20}{7}\times\frac{14}{5}=$

(3) $\frac{5}{36}\times\frac{27}{25}=$

(4) $\frac{5}{21}\times\frac{14}{15}=$

(5) $\frac{11}{42}\times\frac{3}{22}=$

(6) $\frac{8}{39}\times\frac{13}{14}=$

スパイラルコーナー

$x-5.1$ の式について、次の問いに答えましょう。 1つ5点【10点】

(1) xに11.1をあてはめて、計算しましょう。

(　　　　)

(2) xに8.8をあてはめて、計算しましょう。

(　　　　)

分数のかけ算④

学習した日　月　日

名前

得点

／100点

1622
解説→177ページ

1 次の計算をしましょう。　1つ6点【48点】

(例) $10\times\frac{4}{15}=\frac{10}{1}\times\frac{4}{15}=\frac{\overset{2}{\cancel{10}}\times4}{1\times\underset{3}{\cancel{15}}}=\frac{8}{3}\left(2\frac{2}{3}\right)$

(1) $7\times\frac{3}{14}=$

(2) $3\times\frac{5}{9}=$

(3) $4\times\frac{1}{8}=$

(4) $8\times\frac{5}{12}=$

(5) $6\times\frac{3}{10}=$

(6) $4\times\frac{9}{14}=$

(7) $4\times\frac{13}{16}=$

(8) $9\times\frac{2}{15}=$

2 次の計算をしましょう。　1つ7点【42点】

(1) $16\times\frac{3}{8}=$

(2) $21\times\frac{5}{7}=$

(3) $22\times\frac{1}{11}=$

(4) $16\times\frac{7}{24}=$

(5) $22\times\frac{8}{55}=$

(6) $28\times\frac{25}{42}=$

スパイラルコーナー

$x\times3.5$の式について、次の問いに答えましょう。　1つ5点【10点】

(1) xに6をあてはめて、計算しましょう。

(　　　　)

(2) xに5.6をあてはめて、計算しましょう。

(　　　　)

＼もう１回チャレンジ!!／

分数のかけ算④

学習した日　月　日

名前

得点　／100点

1622
解説→177ページ

❶ 次の計算をしましょう。　1つ6点【48点】

(例) $10\times\frac{4}{15}=\frac{10}{1}\times\frac{4}{15}=\frac{\overset{2}{\cancel{10}}\times4}{1\times\underset{3}{\cancel{15}}}=\frac{8}{3}\left(2\frac{2}{3}\right)$

(1) $7\times\frac{3}{14}=$

(2) $3\times\frac{5}{9}=$

(3) $4\times\frac{1}{8}=$

(4) $8\times\frac{5}{12}=$

(5) $6\times\frac{3}{10}=$

(6) $4\times\frac{9}{14}=$

(7) $4\times\frac{13}{16}=$

(8) $9\times\frac{2}{15}=$

❷ 次の計算をしましょう。　1つ7点【42点】

(1) $16\times\frac{3}{8}=$

(2) $21\times\frac{5}{7}=$

(3) $22\times\frac{1}{11}=$

(4) $16\times\frac{7}{24}=$

(5) $22\times\frac{8}{55}=$

(6) $28\times\frac{25}{42}=$

スパイラルコーナー

$x\times3.5$の式について、次の問いに答えましょう。　1つ5点【10点】

(1) xに6をあてはめて、計算しましょう。

(　　　　)

(2) xに5.6をあてはめて、計算しましょう。

(　　　　)

分数のかけ算⑤

学習した日　月　日

名前

得点　／100点

1623
解説→177ページ

1 次の帯分数を仮分数に直しましょう。　1つ6点【48点】

(1) $2\frac{1}{4}$　(　　)

(2) $3\frac{3}{5}$　(　　)

(3) $6\frac{1}{9}$　(　　)

(4) $2\frac{3}{8}$　(　　)

(5) $5\frac{4}{5}$　(　　)

(6) $7\frac{5}{9}$　(　　)

(7) $8\frac{3}{10}$　(　　)

(8) $4\frac{7}{12}$　(　　)

2 次の計算をしましょう。　1つ7点【42点】

(1) $1\frac{1}{9}\times2=$

(2) $2\frac{1}{3}\times4=$

(3) $3\frac{3}{5}\times5=$

(4) $4\frac{1}{12}\times8=$

(5) $1\frac{1}{16}\times8=$

(6) $3\frac{1}{10}\times15=$

スパイラルコーナー

$x\div0.8$ の式について、次の問いに答えましょう。　1つ5点【10点】

(1) x に 7.2 をあてはめて、計算しましょう。　(　　)

(2) x に 1 をあてはめて、計算しましょう。　(　　)

＼もう1回チャレンジ!! ／

23 分数のかけ算⑤

学習した日　　月　　日

名前

得点　　／100点

解説→177ページ

❶ 次の帯分数を仮分数に直しましょう。 1つ6点【48点】

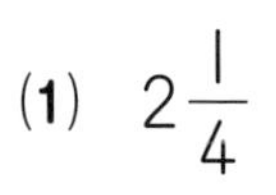

(1) $2\frac{1}{4}$　　(　　　)

(2) $3\frac{3}{5}$　　(　　　)

(3) $6\frac{1}{9}$　　(　　　)

(4) $2\frac{3}{8}$　　(　　　)

(5) $5\frac{4}{5}$　　(　　　)

(6) $7\frac{5}{9}$　　(　　　)

(7) $8\frac{3}{10}$　　(　　　)

(8) $4\frac{7}{12}$　　(　　　)

❷ 次の計算をしましょう。 1つ7点【42点】

(1) $1\frac{1}{9}\times 2=$

(2) $2\frac{1}{3}\times 4=$

(3) $3\frac{3}{5}\times 5=$

(4) $4\frac{1}{12}\times 8=$

(5) $1\frac{1}{16}\times 8=$

(6) $3\frac{1}{10}\times 15=$

スパイラルコーナー

$x\div 0.8$ の式について、次の問いに答えましょう。 1つ5点【10点】

(1) x に 7.2 をあてはめて、計算しましょう。　(　　　)

(2) x に 1 をあてはめて、計算しましょう。　(　　　)

24 分数のかけ算 ⑥

学習した日　　月　　日

名前

得点　　／100点

1624
解説→178ページ

らくらくマルつけ

❶ 次の計算をしましょう。　1つ6点【48点】

（例）$1\frac{1}{2}\times1\frac{1}{4}=\frac{3}{2}\times\frac{5}{4}=\frac{3\times5}{2\times4}=\frac{15}{8}\left(1\frac{7}{8}\right)$

(1) $1\frac{1}{7}\times\frac{2}{5}=$

(2) $\frac{5}{8}\times2\frac{1}{2}=$

(3) $1\frac{1}{3}\times2\frac{1}{3}=$

(4) $1\frac{1}{5}\times1\frac{1}{7}=$

(5) $3\times4\frac{1}{2}=$

(6) $5\times2\frac{1}{3}=$

(7) $2\frac{3}{5}\times\frac{3}{7}=$

(8) $1\frac{3}{7}\times1\frac{1}{3}=$

❷ 次の計算をしましょう。　1つ7点【42点】

(1) $3\frac{2}{3}\times\frac{4}{7}=$

(2) $\frac{3}{7}\times7\frac{1}{5}=$

(3) $1\frac{3}{8}\times1\frac{4}{9}=$

(4) $7\frac{1}{3}\times1\frac{1}{3}=$

(5) $2\frac{5}{11}\times1\frac{1}{2}=$

(6) $3\frac{1}{4}\times1\frac{2}{3}=$

スパイラルコーナー

$x\times6.2=y$ の式について、次の問いに答えましょう。　1つ5点【10点】

(1) x の値（あたい）が0.5のときの y の値を求めましょう。

（　　　　）

(2) y の値が4.34のときの x の値を求めましょう。

（　　　　）

＼もう１回チャレンジ!!／

分数のかけ算⑥

学習した日　月　日

名前

得点

／100点

1624
解説→178ページ

❶ 次の計算をしましょう。

1つ6点【48点】

(例) $1\frac{1}{2}\times1\frac{1}{4}=\frac{3}{2}\times\frac{5}{4}=\frac{3\times5}{2\times4}=\frac{15}{8}\left(1\frac{7}{8}\right)$

(1) $1\frac{1}{7}\times\frac{2}{5}=$

(2) $\frac{5}{8}\times2\frac{1}{2}=$

(3) $1\frac{1}{3}\times2\frac{1}{3}=$

(4) $1\frac{1}{5}\times1\frac{1}{7}=$

(5) $3\times4\frac{1}{2}=$

(6) $5\times2\frac{1}{3}=$

(7) $2\frac{3}{5}\times\frac{3}{7}=$

(8) $1\frac{3}{7}\times1\frac{1}{3}=$

❷ 次の計算をしましょう。

1つ7点【42点】

(1) $3\frac{2}{3}\times\frac{4}{7}=$

(2) $\frac{3}{7}\times7\frac{1}{5}=$

(3) $1\frac{3}{8}\times1\frac{4}{9}=$

(4) $7\frac{1}{3}\times1\frac{1}{3}=$

(5) $2\frac{5}{11}\times1\frac{1}{2}=$

(6) $3\frac{1}{4}\times1\frac{2}{3}=$

スパイラルコーナー

$x\times6.2=y$の式について、次の問いに答えましょう。1つ5点【10点】

(1) xの値が0.5のときのyの値を求めましょう。

(　　　　)

(2) yの値が4.34のときのxの値を求めましょう。

(　　　　)

分数のかけ算⑦

学習した日　月　日

名前

得点

/100点

1625
解説→178ページ

1 次の計算をしましょう。　1つ6点【48点】

(例) $2\frac{1}{4}\times3\frac{1}{3}=\frac{9}{4}\times\frac{10}{3}=\frac{\overset{3}{\cancel{9}}\times\overset{5}{\cancel{10}}}{\underset{2}{\cancel{4}}\times\underset{1}{\cancel{3}}}=\frac{15}{2}\left(7\frac{1}{2}\right)$

(1) $1\frac{7}{8}\times\frac{2}{3}=$

(2) $\frac{2}{7}\times1\frac{5}{9}=$

(3) $3\frac{1}{2}\times1\frac{1}{3}=$

(4) $1\frac{1}{4}\times2\frac{2}{3}=$

(5) $8\times1\frac{1}{12}=$

(6) $14\times1\frac{4}{7}=$

(7) $1\frac{1}{8}\times2\frac{2}{3}=$

(8) $15\times1\frac{3}{10}=$

2 次の計算をしましょう。　1つ6点【36点】

(1) $5\frac{3}{4}\times\frac{8}{11}=$

(2) $2\frac{13}{16}\times\frac{8}{15}=$

(3) $2\frac{7}{10}\times1\frac{7}{18}=$

(4) $3\frac{1}{16}\times3\frac{3}{7}=$

(5) $3\frac{4}{7}\times2\frac{4}{5}=$

(6) $4\frac{4}{5}\times1\frac{7}{8}=$

スパイラルコーナー　次の数の最小公倍数を書きましょう。　1つ4点【16点】

(1) 3、7　(　　)

(2) 9、12　(　　)

(3) 2、3、8　(　　)

(4) 4、10、15　(　　)

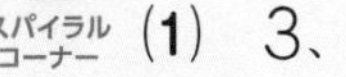

＼もう１回チャレンジ!!／

分数のかけ算 ⑦

学習した日　　月　　日

名前

得点　　／100点

解説→178ページ

❶ 次の計算をしましょう。 1つ6点【48点】

(例) $2\frac{1}{4}\times3\frac{1}{3}=\frac{9}{4}\times\frac{10}{3}=\frac{\overset{3}{\cancel{9}}\times\overset{5}{\cancel{10}}}{\underset{2}{\cancel{4}}\times\underset{1}{\cancel{3}}}=\frac{15}{2}\left(7\frac{1}{2}\right)$

(1) $1\frac{7}{8}\times\frac{2}{3}=$

(2) $\frac{2}{7}\times1\frac{5}{9}=$

(3) $3\frac{1}{2}\times1\frac{1}{3}=$

(4) $1\frac{1}{4}\times2\frac{2}{3}=$

(5) $8\times1\frac{1}{12}=$

(6) $14\times1\frac{4}{7}=$

(7) $1\frac{1}{8}\times2\frac{2}{3}=$

(8) $15\times1\frac{3}{10}=$

❷ 次の計算をしましょう。 1つ6点【36点】

(1) $5\frac{3}{4}\times\frac{8}{11}=$

(2) $2\frac{13}{16}\times\frac{8}{15}=$

(3) $2\frac{7}{10}\times1\frac{7}{18}=$

(4) $3\frac{1}{16}\times3\frac{3}{7}=$

(5) $3\frac{4}{7}\times2\frac{4}{5}=$

(6) $4\frac{4}{5}\times1\frac{7}{8}=$

次の数の最小公倍数を書きましょう。 1つ4点【16点】

(1) 3、7　（　　）

(2) 9、12　（　　）

(3) 2、3、8　（　　）

(4) 4、10、15　（　　）

まとめのテスト⑤

学習した日　月　日

名前

得点

／100点

1626
解説→178ページ

1 次の計算をしましょう。　1つ7点【56点】

(1) $\frac{5}{11}\times\frac{2}{9}=$

(2) $\frac{7}{8}\times\frac{3}{5}=$

(3) $\frac{5}{6}\times\frac{1}{4}=$

(4) $4\times\frac{2}{3}=$

(5) $\frac{3}{4}\times\frac{2}{5}=$

(6) $\frac{5}{12}\times\frac{6}{7}=$

(7) $\frac{10}{9}\times\frac{6}{25}=$

(8) $20\times\frac{4}{5}=$

2 次の計算をしましょう。　1つ8点【32点】

(1) $\frac{9}{11}\times\frac{22}{27}=$

(2) $\frac{20}{81}\times\frac{36}{35}=$

(3) $\frac{21}{16}\times\frac{24}{35}=$

(4) $33\times\frac{5}{27}=$

3 分速$\frac{2}{25}$kmで歩く人が、$\frac{5}{2}$分間で進む道のりは何kmになりますか。　【全部できて12点】

(式)

答え(　　　　)

まとめのテスト❺

学習した日　　月　　日

名前

得点

／100点

解説→178ページ

❶ 次の計算をしましょう。　1つ7点【56点】

(1) $\frac{5}{11}\times\frac{2}{9}=$

(2) $\frac{7}{8}\times\frac{3}{5}=$

(3) $\frac{5}{6}\times\frac{1}{4}=$

(4) $4\times\frac{2}{3}=$

(5) $\frac{3}{4}\times\frac{2}{5}=$

(6) $\frac{5}{12}\times\frac{6}{7}=$

(7) $\frac{10}{9}\times\frac{6}{25}=$

(8) $20\times\frac{4}{5}=$

❷ 次の計算をしましょう。　1つ8点【32点】

(1) $\frac{9}{11}\times\frac{22}{27}=$

(2) $\frac{20}{81}\times\frac{36}{35}=$

(3) $\frac{21}{16}\times\frac{24}{35}=$

(4) $33\times\frac{5}{27}=$

❸ 分速$\frac{2}{25}$kmで歩く人が、$\frac{5}{2}$分間で進む道のりは何kmになりますか。　【全部できて12点】

(式)

答え(　　　　　)

まとめのテスト6

 学習した日　　月　　日

名前

得点

／100点

1 次の帯分数を仮分数に直しましょう。　1つ5点【10点】

(1) $7\frac{2}{5}$　　(　　　)

(2) $4\frac{5}{12}$　　(　　　)

2 次の計算をしましょう。　1つ8点【48点】

(1) $1\frac{2}{5}\times6=$

(2) $\frac{3}{4}\times3\frac{3}{4}=$

(3) $\frac{5}{12}\times4\frac{1}{2}=$

(4) $12\times2\frac{1}{3}=$

(5) $1\frac{4}{5}\times1\frac{2}{5}=$

(6) $4\frac{1}{2}\times1\frac{1}{3}=$

3 次の計算をしましょう。　1つ8点【32点】

(1) $20\times3\frac{3}{5}=$

(2) $3\frac{4}{7}\times\frac{2}{5}=$

(3) $4\frac{1}{6}\times1\frac{4}{5}=$

(4) $1\frac{1}{7}\times2\frac{13}{18}=$

4 1Lで$2\frac{4}{7}$m^{2}ぬることができるペンキがあります。このペンキが$1\frac{8}{27}$Lでぬることができる面積は何m^{2}になりますか。【全部できて10点】

(式)

答え(　　　　　　)

＼もう1回チャレンジ!!／

まとめのテスト❻

目標時間（もくひょうじかん） 20分

学習した日　月　日

名前

得点　／100点

1627
解説→179ページ

らくらくマルつけ

❶ 次の帯分数を仮分数に直しましょう。 1つ5点【10点】

(1) $7\frac{2}{5}$　(　　)

(2) $4\frac{5}{12}$　(　　)

❷ 次の計算をしましょう。 1つ8点【48点】

(1) $1\frac{2}{5}\times6=$

(2) $\frac{3}{4}\times3\frac{3}{4}=$

(3) $\frac{5}{12}\times4\frac{1}{2}=$

(4) $12\times2\frac{1}{3}=$

(5) $1\frac{4}{5}\times1\frac{2}{5}=$

(6) $4\frac{1}{2}\times1\frac{1}{3}=$

❸ 次の計算をしましょう。 1つ8点【32点】

(1) $20\times3\frac{3}{5}=$

(2) $3\frac{4}{7}\times\frac{2}{5}=$

(3) $4\frac{1}{6}\times1\frac{4}{5}=$

(4) $1\frac{1}{7}\times2\frac{13}{18}=$

❹ 1Lで$2\frac{4}{7}$m²ぬることができるペンキがあります。このペンキが$1\frac{8}{27}$Lでぬることができる面積は何m²になりますか。【全部できて10点】

(式)

答え(　　)

計算のくふう①

学習した日　　月　　日

名前

得点

／100点

1628
解説→179ページ

❶ 次の式を、くふうして計算しましょう。

1つ8点【40点】

(1) $\frac{3}{4}\times\frac{5}{7}\times\frac{7}{5}=$

(2) $\frac{7}{25}\times\frac{9}{8}\times\frac{8}{9}=$

(3) $\frac{11}{12}\times\frac{3}{13}\times\frac{13}{3}=$

(4) $\frac{2}{5}\times2\frac{2}{3}\times\frac{3}{8}=$

(5) $\frac{7}{18}\times\frac{5}{9}\times1\frac{4}{5}=$

❷ 次の式を、くふうして計算しましょう。

1つ10点【40点】

(1) $\frac{2}{3}\times\frac{1}{5}\times\frac{3}{2}=$

(2) $\frac{2}{9}\times\frac{5}{14}\times\frac{9}{2}=$

(3) $2\frac{4}{7}\times2\frac{1}{4}\times\frac{7}{18}=$

(4) $\frac{9}{11}\times3\frac{1}{2}\times1\frac{2}{9}=$

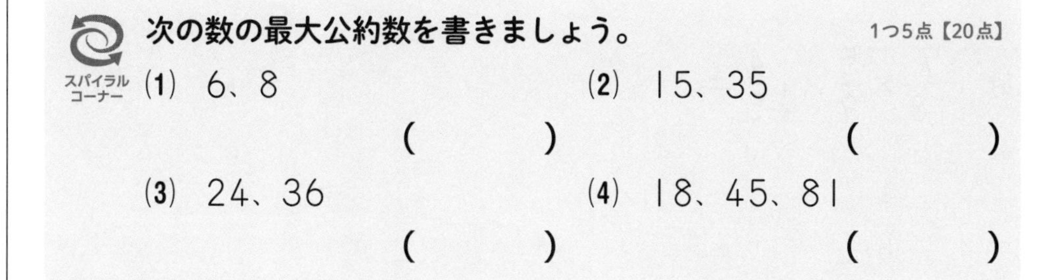

スパイラルコーナー

次の数の最大公約数を書きましょう。

1つ5点【20点】

(1) 6、8　（　　　）

(2) 15、35　（　　　）

(3) 24、36　（　　　）

(4) 18、45、81　（　　　）

\ もう1回チャレンジ!! /

計算のくふう①

学習した日　月　日

名前

得点

／100点

❶ 次の式を、くふうして計算しましょう。 1つ8点【40点】

(1) $\frac{3}{4}\times\frac{5}{7}\times\frac{7}{5}=$

(2) $\frac{7}{25}\times\frac{9}{8}\times\frac{8}{9}=$

(3) $\frac{11}{12}\times\frac{3}{13}\times\frac{13}{3}=$

(4) $\frac{2}{5}\times2\frac{2}{3}\times\frac{3}{8}=$

(5) $\frac{7}{18}\times\frac{5}{9}\times1\frac{4}{5}=$

❷ 次の式を、くふうして計算しましょう。 1つ10点【40点】

(1) $\frac{2}{3}\times\frac{1}{5}\times\frac{3}{2}=$

(2) $\frac{2}{9}\times\frac{5}{14}\times\frac{9}{2}=$

(3) $2\frac{4}{7}\times2\frac{1}{4}\times\frac{7}{18}=$

(4) $\frac{9}{11}\times3\frac{1}{2}\times1\frac{2}{9}=$

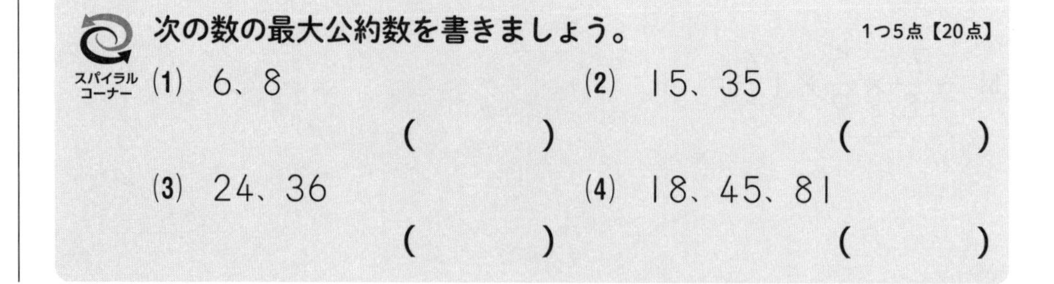

スパイラルコーナー

次の数の最大公約数を書きましょう。 1つ5点【20点】

(1) 6、8 (　　)

(2) 15、35 (　　)

(3) 24、36 (　　)

(4) 18、45、81 (　　)

計算のくふう②

学習した日　月　日

名前

得点

／100点

1629
解説→180ページ

1 次の式を、くふうして計算しましょう。　1つ8点【40点】

(1) $\left(\frac{1}{2}+\frac{2}{3}\right)\times 6=$

(2) $\left(\frac{3}{4}+\frac{5}{8}\right)\times 8=$

(3) $\left(\frac{5}{6}-\frac{1}{4}\right)\times 12=$

(4) $21\times\left(\frac{2}{7}+\frac{5}{3}\right)=$

(5) $15\times\left(\frac{2}{3}-\frac{3}{5}\right)=$

2 次の式を、くふうして計算しましょう。　1つ12点【36点】

(1) $\frac{5}{12}\times\frac{1}{3}+\frac{7}{12}\times\frac{1}{3}=$

(2) $\frac{13}{7}\times\frac{5}{6}-\frac{6}{7}\times\frac{5}{6}=$

(3) $\frac{11}{18}\times 2\frac{1}{4}+\frac{7}{18}\times 2\frac{1}{4}=$

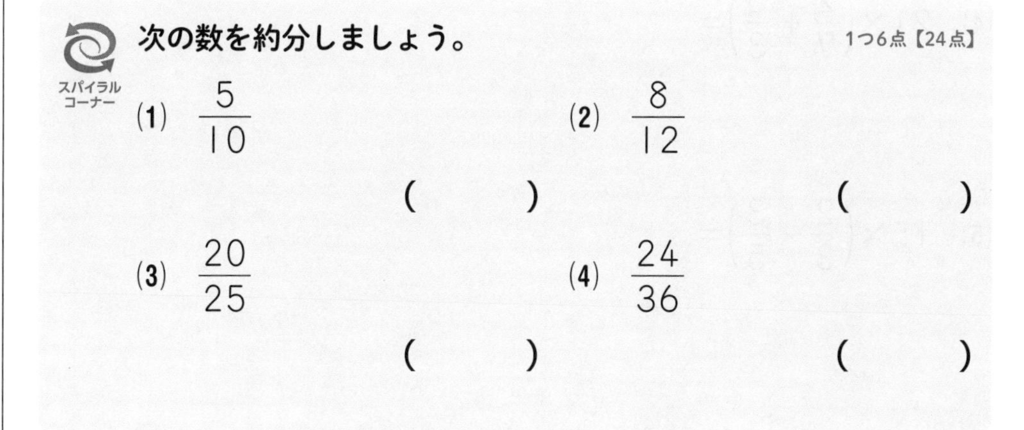

スパイラルコーナー

次の数を約分しましょう。　1つ6点【24点】

(1) $\frac{5}{10}$　(　　)

(2) $\frac{8}{12}$　(　　)

(3) $\frac{20}{25}$　(　　)

(4) $\frac{24}{36}$　(　　)

＼もう１回チャレンジ!!／

計算のくふう②

学習した日　月　日

名前

得点

／100点

1629
解説→180ページ

1 次の式を、くふうして計算しましょう。　1つ8点【40点】

(1) $\left(\frac{1}{2}+\frac{2}{3}\right)\times 6=$

(2) $\left(\frac{3}{4}+\frac{5}{8}\right)\times 8=$

(3) $\left(\frac{5}{6}-\frac{1}{4}\right)\times 12=$

(4) $21\times\left(\frac{2}{7}+\frac{5}{3}\right)=$

(5) $15\times\left(\frac{2}{3}-\frac{3}{5}\right)=$

2 次の式を、くふうして計算しましょう。　1つ12点【36点】

(1) $\frac{5}{12}\times\frac{1}{3}+\frac{7}{12}\times\frac{1}{3}=$

(2) $\frac{13}{7}\times\frac{5}{6}-\frac{6}{7}\times\frac{5}{6}=$

(3) $\frac{11}{18}\times 2\frac{1}{4}+\frac{7}{18}\times 2\frac{1}{4}=$

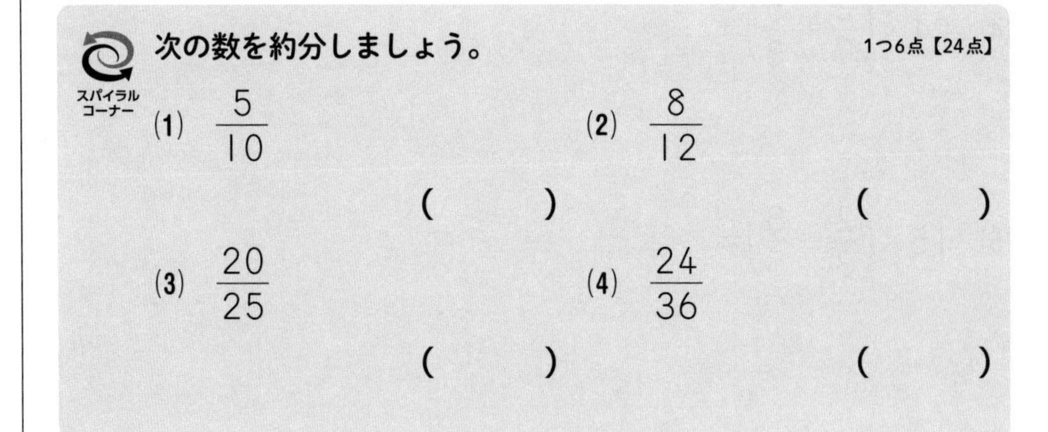

スパイラルコーナー

次の数を約分しましょう。　1つ6点【24点】

(1) $\frac{5}{10}$　(　　　)

(2) $\frac{8}{12}$　(　　　)

(3) $\frac{20}{25}$　(　　　)

(4) $\frac{24}{36}$　(　　　)

まとめのテスト⑦

学習した日　月　日

名前

得点

／100点

1630
解説→180ページ

らくらくマルつけ

1 次の式を、くふうして計算しましょう。　1つ12点【48点】

(1) $\frac{2}{7}\times\frac{8}{9}\times\frac{7}{2}=$

(2) $2\frac{1}{6}\times\frac{3}{4}\times\frac{6}{13}=$

(3) $\frac{2}{11}\times5\frac{1}{3}\times\frac{3}{16}=$

(4) $4\frac{2}{3}\times2\frac{1}{5}\times\frac{3}{14}=$

2 次の式を、くふうして計算しましょう。　1つ12点【36点】

(1) $\left(\frac{2}{9}+\frac{7}{15}\right)\times45=$

(2) $\frac{7}{15}\times\frac{8}{9}+\frac{8}{15}\times\frac{8}{9}=$

(3) $\frac{7}{4}\times\frac{5}{13}-\frac{3}{4}\times\frac{5}{13}=$

3 右の図の直方体の体積は何 cm^3 ですか。

【全部できて16点】

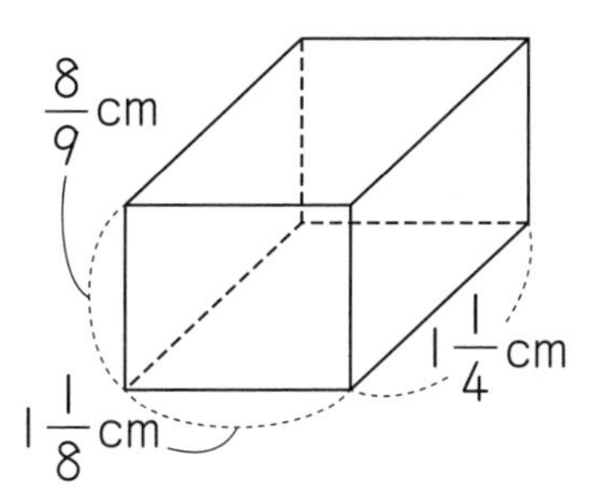

(式)

答え(　　　　　　)

30 まとめのテスト⑦

目標時間 20分

学習した日　　月　　日

名前

得点　　／100点

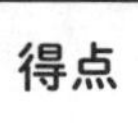

1630
解説→180ページ

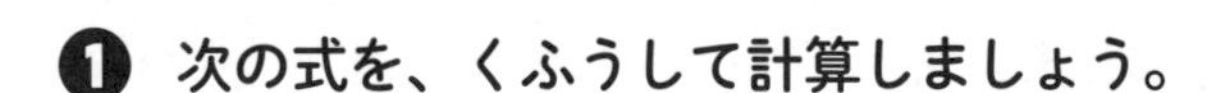

❶ 次の式を、くふうして計算しましょう。 1つ12点【48点】

(1) $\frac{2}{7}\times\frac{8}{9}\times\frac{7}{2}=$

(2) $2\frac{1}{6}\times\frac{3}{4}\times\frac{6}{13}=$

(3) $\frac{2}{11}\times5\frac{1}{3}\times\frac{3}{16}=$

(4) $4\frac{2}{3}\times2\frac{1}{5}\times\frac{3}{14}=$

❷ 次の式を、くふうして計算しましょう。 1つ12点【36点】

(1) $\left(\frac{2}{9}+\frac{7}{15}\right)\times45=$

(2) $\frac{7}{15}\times\frac{8}{9}+\frac{8}{15}\times\frac{8}{9}=$

(3) $\frac{7}{4}\times\frac{5}{13}-\frac{3}{4}\times\frac{5}{13}=$

❸ 右の図の直方体の体積は何 cm^3 ですか。 【全部できて16点】

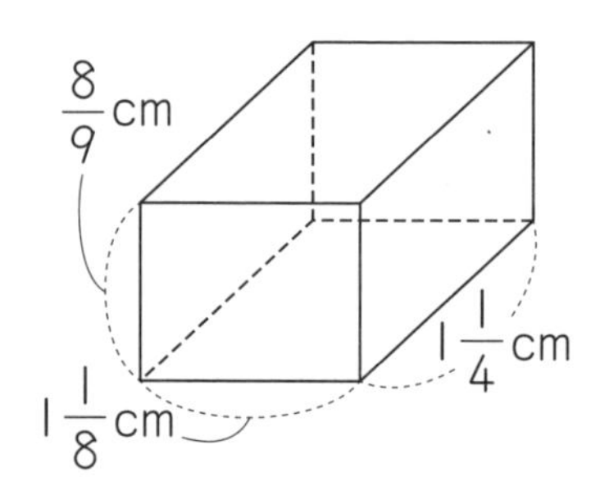

(式)

答え(　　　　　　)

逆数

学習した日　　月　　日

名前

得点

／100点

1631
解説→181ページ

❶ 次の数の逆数を書きましょう。　1つ6点【48点】

(1) $\frac{2}{9}$　（　　　）

(2) $\frac{5}{6}$　（　　　）

(3) $\frac{7}{2}$　（　　　）

(4) $\frac{1}{6}$　（　　　）

(5) $\frac{1}{18}$　（　　　）

(6) $2\frac{2}{3}$　（　　　）

(7) $1\frac{1}{6}$　（　　　）

(8) $3\frac{2}{7}$　（　　　）

❷ 次の数の逆数を書きましょう。　1つ7点【42点】

(1) 4　（　　　）

(2) 9　（　　　）

(3) 2.3　（　　　）

(4) 0.7　（　　　）

(5) 3.4　（　　　）

(6) 0.5　（　　　）

スパイラルコーナー

次の□にあてはまる不等号を書きましょう。　1つ5点【10点】

(1) $\frac{2}{3}\square\frac{5}{6}$　（　　）

(2) $\frac{7}{12}\square\frac{5}{8}$　（　　）

＼もう1回チャレンジ!!／

31 逆数

学習した日　月　日

名前

得点

／100点

1631
解説→181ページ

❶ 次の数の逆数を書きましょう。 1つ6点【48点】

(1) $\frac{2}{9}$　（　　　）

(2) $\frac{5}{6}$　（　　　）

(3) $\frac{7}{2}$　（　　　）

(4) $\frac{1}{6}$　（　　　）

(5) $\frac{1}{18}$　（　　　）

(6) $2\frac{2}{3}$　（　　　）

(7) $1\frac{1}{6}$　（　　　）

(8) $3\frac{2}{7}$　（　　　）

❷ 次の数の逆数を書きましょう。 1つ7点【42点】

(1) 4　（　　　）

(2) 9　（　　　）

(3) 2.3　（　　　）

(4) 0.7　（　　　）

(5) 3.4　（　　　）

(6) 0.5　（　　　）

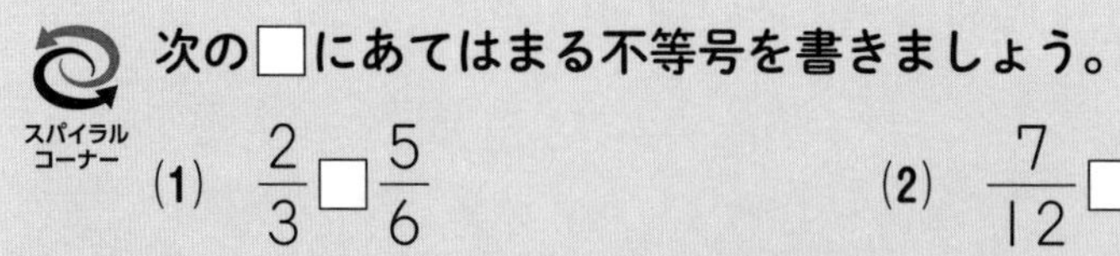

スパイラルコーナー

次の□にあてはまる不等号を書きましょう。 1つ5点【10点】

(1) $\frac{2}{3}$□$\frac{5}{6}$　（　　　）

(2) $\frac{7}{12}$□$\frac{5}{8}$　（　　　）

32 分数のわり算 ①

学習した日　　月　　日

名前

得点

／100点

1632
解説→181ページ

❶ 次の計算をしましょう。

1つ6点【48点】

(例) $\frac{3}{7} \div \frac{2}{3} = \frac{3}{7} \times \frac{3}{2} = \frac{3 \times 3}{7 \times 2} = \frac{9}{14}$

(1) $\frac{1}{7} \div \frac{2}{5} -$

(2) $\frac{1}{8} \div \frac{2}{9} -$

(3) $\frac{7}{11} \div \frac{4}{7} =$

(4) $\frac{2}{13} \div \frac{3}{5} =$

(5) $\frac{7}{9} \div \frac{3}{2} =$

(6) $\frac{8}{3} \div \frac{9}{2} =$

(7) $\frac{5}{6} \div \frac{2}{7} =$

(8) $\frac{9}{4} \div \frac{8}{5} =$

❷ 次の計算をしましょう。

1つ7点【42点】

(1) $\frac{7}{6} \div \frac{2}{5} =$

(2) $\frac{3}{10} \div \frac{2}{11} =$

(3) $\frac{4}{13} \div \frac{5}{9} =$

(4) $\frac{11}{17} \div \frac{4}{3} =$

(5) $\frac{19}{6} \div \frac{8}{5} =$

(6) $\frac{7}{12} \div \frac{9}{13} =$

スパイラルコーナー

次の計算をしましょう。

1つ5点【10点】

(1) $\frac{7}{9} \times \frac{5}{4} =$

(2) $\frac{15}{8} \times \frac{3}{11} =$

＼もう1回チャレンジ!!／

32 分数のわり算①

目標時間 20分

学習した日　　月　　日

名前

得点　　／100点

1632 解説→181ページ

らくらくマルつけ

❶ 次の計算をしましょう。 1つ6点【48点】

(例) $\frac{3}{7}\div\frac{2}{3}=\frac{3}{7}\times\frac{3}{2}=\frac{3\times3}{7\times2}=\frac{9}{14}$

(1) $\frac{1}{7}\div\frac{2}{5}=$

(2) $\frac{1}{8}\div\frac{2}{9}=$

(3) $\frac{7}{11}\div\frac{4}{7}=$

(4) $\frac{2}{13}\div\frac{3}{5}=$

(5) $\frac{7}{9}\div\frac{3}{2}=$

(6) $\frac{8}{3}\div\frac{9}{2}=$

(7) $\frac{5}{6}\div\frac{2}{7}=$

(8) $\frac{9}{4}\div\frac{8}{5}=$

❷ 次の計算をしましょう。 1つ7点【42点】

(1) $\frac{7}{6}\div\frac{2}{5}=$

(2) $\frac{3}{10}\div\frac{2}{11}=$

(3) $\frac{4}{13}\div\frac{5}{9}=$

(4) $\frac{11}{17}\div\frac{4}{3}=$

(5) $\frac{19}{6}\div\frac{8}{5}=$

(6) $\frac{7}{12}\div\frac{9}{13}=$

スパイラルコーナー

次の計算をしましょう。 1つ5点【10点】

(1) $\frac{7}{9}\times\frac{5}{4}=$

(2) $\frac{15}{8}\times\frac{3}{11}=$

33 分数のわり算②

学習した日　　月　　日

名前

得点

／100点

1633
解説→181ページ

❶ 次の計算をしましょう。

1つ6点【48点】

(例) $4 \div \frac{5}{2} = 4 \times \frac{2}{5} = \frac{4}{1} \times \frac{2}{5} = \frac{4 \times 2}{1 \times 5} = \frac{8}{5}\left(1\frac{3}{5}\right)$

(1) $7 \div \frac{3}{2} =$

(2) $4 : \frac{9}{2} =$

(3) $4 \div \frac{3}{4} =$

(4) $3 \div \frac{5}{4} =$

(5) $5 \div \frac{9}{7} =$

(6) $7 \div \frac{17}{2} =$

(7) $6 \div \frac{5}{4} =$

(8) $9 \div \frac{7}{2} =$

❷ 次の計算をしましょう。

1つ7点【42点】

(1) $4 \div \frac{7}{11} =$

(2) $3 \div \frac{40}{13} =$

(3) $5 \div \frac{31}{15} =$

(4) $13 \div \frac{7}{4} =$

(5) $22 \div \frac{35}{4} =$

(6) $7 \div \frac{25}{14} =$

スパイラルコーナー

次の計算をしましょう。

1つ5点【10点】

(1) $6 \times \frac{2}{5} =$

(2) $12 \times \frac{7}{55} =$

＼もう1回チャレンジ!! ／

分数のわり算②

学習した日　　月　　日

名前

得点　　／100点

1633
解説→181ページ

❶ 次の計算をしましょう。 1つ6点【48点】

（例）$4 \div \frac{5}{2} = 4 \times \frac{2}{5} = \frac{4}{1} \times \frac{2}{5} = \frac{4 \times 2}{1 \times 5} = \frac{8}{5}\left(1\frac{3}{5}\right)$

(1) $7 \div \frac{3}{2} =$

(2) $4 \div \frac{9}{2} =$

(3) $4 \div \frac{3}{4} =$

(4) $3 \div \frac{5}{4} =$

(5) $5 \div \frac{9}{7} =$

(6) $7 \div \frac{17}{2} =$

(7) $6 \div \frac{5}{4} =$

(8) $9 \div \frac{7}{2} =$

❷ 次の計算をしましょう。 1つ7点【42点】

(1) $4 \div \frac{7}{11} =$

(2) $3 \div \frac{40}{13} =$

(3) $5 \div \frac{31}{15} =$

(4) $13 \div \frac{7}{4} =$

(5) $22 \div \frac{35}{4} =$

(6) $7 \div \frac{25}{14} =$

スパイラルコーナー

次の計算をしましょう。 1つ5点【10点】

(1) $6 \times \frac{2}{5} =$

(2) $12 \times \frac{7}{55} =$

分数のわり算③

学習した日　　月　　日

名前

得点

／100点

1634
解説→182ページ

1 次の計算をしましょう。　1つ6点【48点】

(例) $\frac{8}{9}\div\frac{2}{3}=\frac{8}{9}\times\frac{3}{2}=\frac{\overset{4}{\cancel{8}}\times\overset{1}{\cancel{3}}}{\underset{3}{\cancel{9}}\times\underset{1}{\cancel{2}}}=\frac{4}{3}\left(1\frac{1}{3}\right)$

(1) $\frac{1}{4}\div\frac{7}{2}=$

(2) $\frac{1}{10}\div\frac{2}{5}=$

(3) $\frac{1}{8}\div\frac{5}{16}=$

(4) $\frac{5}{9}\div\frac{8}{3}=$

(5) $\frac{4}{9}\div\frac{6}{5}=$

(6) $\frac{7}{15}\div\frac{6}{5}=$

(7) $\frac{7}{12}\div\frac{14}{3}=$

(8) $\frac{3}{5}\div\frac{9}{10}=$

2 次の計算をしましょう。　1つ7点【42点】

(1) $\frac{3}{5}\div\frac{9}{20}=$

(2) $\frac{9}{14}\div\frac{12}{7}=$

(3) $\frac{8}{15}\div\frac{2}{5}=$

(4) $\frac{1}{21}\div\frac{3}{14}=$

(5) $\frac{7}{45}\div\frac{49}{60}=$

(6) $\frac{12}{55}\div\frac{16}{33}=$

スパイラルコーナー　次の計算をしましょう。　1つ5点【10点】

(1) $\frac{3}{8}\times\frac{11}{12}=$

(2) $\frac{9}{25}\times\frac{20}{27}=$

＼もう1回チャレンジ!!／

分数のわり算 ③

目標時間 20分

学習した日　　月　　日

名前

得点　　／100点

1634 解説→182ページ

❶ 次の計算をしましょう。

1つ6点【48点】

(例) $\frac{8}{9} \div \frac{2}{3} = \frac{8}{9} \times \frac{3}{2} = \frac{\overset{4}{\cancel{8}} \times \overset{1}{\cancel{3}}}{\underset{3}{\cancel{9}} \times \underset{1}{\cancel{2}}} = \frac{4}{3}\left(1\frac{1}{3}\right)$

(1) $\frac{1}{4} \div \frac{7}{2} =$

(2) $\frac{1}{10} \div \frac{2}{5} =$

(3) $\frac{1}{8} \div \frac{5}{16} =$

(4) $\frac{5}{9} \div \frac{8}{3} =$

(5) $\frac{4}{9} \div \frac{6}{5} =$

(6) $\frac{7}{15} \div \frac{6}{5} =$

(7) $\frac{7}{12} \div \frac{14}{3} =$

(8) $\frac{3}{5} \div \frac{9}{10} =$

❷ 次の計算をしましょう。

1つ7点【42点】

(1) $\frac{3}{5} \div \frac{9}{20} =$

(2) $\frac{9}{14} \div \frac{12}{7} =$

(3) $\frac{8}{15} \div \frac{2}{5} =$

(4) $\frac{1}{21} \div \frac{3}{14} =$

(5) $\frac{7}{45} \div \frac{49}{60} =$

(6) $\frac{12}{55} \div \frac{16}{33} =$

スパイラルコーナー

次の計算をしましょう。

1つ5点【10点】

(1) $\frac{3}{8} \times \frac{11}{12} =$

(2) $\frac{9}{25} \times \frac{20}{27} =$

35 分数のわり算④

学習した日　　月　　日

名前

得点

／100点

1635
解説→182ページ

❶ 次の計算をしましょう。

1つ6点【48点】

(例) $6 \div \frac{8}{9} = 6 \times \frac{9}{8} = \frac{6}{1} \times \frac{9}{8} = \frac{\overset{3}{\cancel{6}} \times 9}{1 \times \underset{4}{\cancel{8}}} = \frac{27}{4} \left(6\frac{3}{4}\right)$

(1) $6 \div \frac{12}{5} =$

(2) $9 \div \frac{18}{11} =$

(3) $11 \div \frac{22}{13} =$

(4) $10 \div \frac{15}{4} =$

(5) $12 \div \frac{20}{3} =$

(6) $14 \div \frac{35}{8} =$

(7) $8 \div \frac{6}{7} =$

(8) $15 \div \frac{10}{3} =$

❷ 次の計算をしましょう。

1つ7点【42点】

(1) $14 \div \frac{7}{9} =$

(2) $55 \div \frac{11}{18} =$

(3) $42 \div \frac{21}{10} =$

(4) $18 \div \frac{27}{7} =$

(5) $40 \div \frac{16}{17} =$

(6) $27 \div \frac{45}{23} =$

スパイラルコーナー 次の計算をしましょう。

1つ5点【10点】

(1) $30 \times \frac{4}{15} =$

(2) $24 \times \frac{5}{36} =$

＼もう１回チャレンジ!! ／

分数のわり算 ④

目標時間 20分

学習した日　　月　　日

名前

得点　　／100点

1635
解説→182ページ

❶ 次の計算をしましょう。 1つ6点【48点】

(例) $6 \div \frac{8}{9} = 6 \times \frac{9}{8} = \frac{6}{1} \times \frac{9}{8} = \frac{\overset{3}{\cancel{6}} \times 9}{1 \times \underset{4}{\cancel{8}}} = \frac{27}{4}\left(6\frac{3}{4}\right)$

(1) $6 \div \frac{12}{5} =$

(2) $9 \div \frac{18}{11} =$

(3) $11 \div \frac{22}{13} =$

(4) $10 \div \frac{15}{4} =$

(5) $12 \div \frac{20}{3} =$

(6) $14 \div \frac{35}{8} =$

(7) $8 \div \frac{6}{7} =$

(8) $15 \div \frac{10}{3} =$

❷ 次の計算をしましょう。 1つ7点【42点】

(1) $14 \div \frac{7}{9} =$

(2) $55 \div \frac{11}{18} =$

(3) $42 \div \frac{21}{10} =$

(4) $18 \div \frac{27}{7} =$

(5) $40 \div \frac{16}{17} =$

(6) $27 \div \frac{45}{23} =$

スパイラルコーナー

次の計算をしましょう。 1つ5点【10点】

(1) $30 \times \frac{4}{15} =$

(2) $24 \times \frac{5}{36} =$

分数のわり算⑤

学習した日　　月　　日

名前

得点

／100点

1636
解説→183ページ

1 次の帯分数を仮分数に直しましょう。　1つ6点【48点】

(1) $3\frac{1}{3}$　(　　　)

(2) $2\frac{3}{7}$　(　　　)

(3) $4\frac{4}{5}$　(　　　)

(4) $3\frac{7}{8}$　(　　　)

(5) $6\frac{1}{2}$　(　　　)

(6) $7\frac{3}{4}$　(　　　)

(7) $9\frac{8}{9}$　(　　　)

(8) $3\frac{6}{13}$　(　　　)

2 次の計算をしましょう。　1つ7点【42点】

(1) $1\frac{1}{6}\div 2=$

(2) $2\frac{1}{2}\div 6=$

(3) $2\frac{1}{7}\div 4=$

(4) $2\frac{5}{8}\div 7=$

(5) $1\frac{3}{5}\div 6=$

(6) $1\frac{3}{7}\div 15=$

スパイラルコーナー　次の式を、くふうして計算しましょう。　【10点】

$\frac{3}{11}\times 2\frac{1}{4}\times 3\frac{2}{3}=$

＼もう1回チャレンジ!!／

36 分数のわり算⑤

目標時間 20分

学習した日　月　日

名前

得点　／100点

1636
解説→183ページ

らくらくマルつけ

❶ 次の帯分数を仮分数に直しましょう。 1つ6点【48点】

(1) $3\frac{1}{3}$　（　　　）

(2) $2\frac{3}{7}$　（　　　）

(3) $4\frac{4}{5}$　（　　　）

(4) $3\frac{7}{8}$　（　　　）

(5) $6\frac{1}{2}$　（　　　）

(6) $7\frac{3}{4}$　（　　　）

(7) $9\frac{8}{9}$　（　　　）

(8) $3\frac{6}{13}$　（　　　）

❷ 次の計算をしましょう。 1つ7点【42点】

(1) $1\frac{1}{6} \div 2 =$

(2) $2\frac{1}{2} \div 6 =$

(3) $2\frac{1}{7} \div 4 =$

(4) $2\frac{5}{8} \div 7 =$

(5) $1\frac{3}{5} \div 6 =$

(6) $1\frac{3}{7} \div 15 =$

スパイラルコーナー

次の式を、くふうして計算しましょう。【10点】

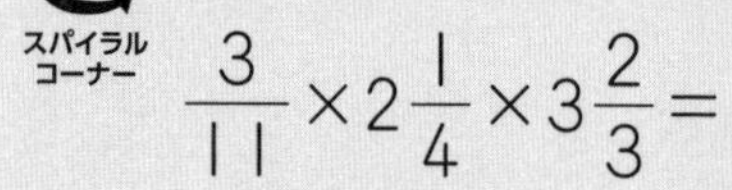
$\frac{3}{11} \times 2\frac{1}{4} \times 3\frac{2}{3} =$

分数のわり算⑥

学習した日　　月　　日

名前

得点

／100点

1637
解説→183ページ

1 次の計算をしましょう。　1つ6点【48点】

(例) $1\frac{1}{3} \div 3\frac{1}{2} = \frac{4}{3} \div \frac{7}{2} = \frac{4}{3} \times \frac{2}{7} = \frac{4 \times 2}{3 \times 7} = \frac{8}{21}$

(1) $3\frac{1}{2} \div \frac{3}{5} =$

(2) $3\frac{1}{3} \div \frac{7}{8} =$

(3) $\frac{1}{6} \div 1\frac{1}{7} =$

(4) $2\frac{2}{5} \div 3\frac{1}{4} =$

(5) $2\frac{1}{4} \div 3\frac{2}{3} =$

(6) $2\frac{3}{5} \div 3\frac{1}{2} =$

(7) $1\frac{3}{4} \div 1\frac{1}{5} =$

(8) $1\frac{3}{8} \div 2\frac{1}{3} =$

2 次の計算をしましょう。　1つ7点【42点】

(1) $1\frac{1}{9} \div 2\frac{1}{4} =$

(2) $1\frac{5}{6} \div 1\frac{1}{7} =$

(3) $1\frac{6}{7} \div 2\frac{4}{5} =$

(4) $2\frac{3}{5} \div 3\frac{3}{8} =$

(5) $2\frac{1}{8} \div 3\frac{2}{3} =$

(6) $1\frac{7}{11} \div 1\frac{4}{7} =$

スパイラルコーナー　次の式を、くふうして計算しましょう。　【10点】

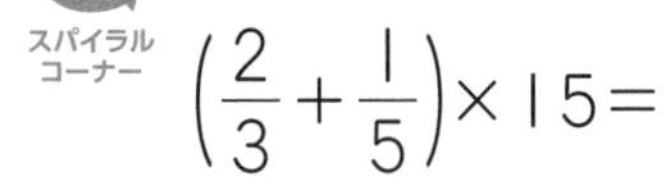

$\left(\frac{2}{3} + \frac{1}{5}\right) \times 15 =$

＼もう１回チャレンジ!!／

分数のわり算⑥

学習した日　月　日

名前

得点　／100点

1637
解説→183ページ

❶ 次の計算をしましょう。 1つ6点【48点】

（例）$1\frac{1}{3} \div 3\frac{1}{2} = \frac{4}{3} \div \frac{7}{2} = \frac{4}{3} \times \frac{2}{7} = \frac{4 \times 2}{3 \times 7} = \frac{8}{21}$

(1) $3\frac{1}{2} \div \frac{3}{5} =$

(2) $3\frac{1}{3} \div \frac{7}{8} =$

(3) $\frac{1}{6} \div 1\frac{1}{7} =$

(4) $2\frac{2}{5} \div 3\frac{1}{4} =$

(5) $2\frac{1}{4} \div 3\frac{2}{3} =$

(6) $2\frac{3}{5} \div 3\frac{1}{2} =$

(7) $1\frac{3}{4} \div 1\frac{1}{5} =$

(8) $1\frac{3}{8} \div 2\frac{1}{3} =$

❷ 次の計算をしましょう。 1つ7点【42点】

(1) $1\frac{1}{9} \div 2\frac{1}{4} =$

(2) $1\frac{5}{6} \div 1\frac{1}{7} =$

(3) $1\frac{6}{7} \div 2\frac{4}{5} =$

(4) $2\frac{3}{5} \div 3\frac{3}{8} =$

(5) $2\frac{1}{8} \div 3\frac{2}{3} =$

(6) $1\frac{7}{11} \div 1\frac{4}{7} =$

スパイラルコーナー

次の式を、くふうして計算しましょう。 【10点】

$\left(\frac{2}{3} + \frac{1}{5}\right) \times 15 =$

分数のわり算 ⑦

学習した日　　月　　日

名前

得点　　／100点

1638
解説→183ページ

❶ 次の計算をしましょう。　1つ6点【48点】

(例) $2\frac{1}{3} \div 1\frac{5}{9} = \frac{7}{3} \div \frac{14}{9} = \frac{\overset{1}{\cancel{7}}}{\underset{1}{\cancel{3}}} \times \frac{\overset{3}{\cancel{9}}}{\underset{2}{\cancel{14}}} = \frac{3}{2}\left(1\frac{1}{2}\right)$

(1) $1\frac{3}{5} \div \frac{4}{7} =$

(2) $3\frac{1}{3} \div \frac{5}{9} =$

(3) $\frac{1}{7} \div 1\frac{3}{14} =$

(4) $\frac{5}{6} \div 3\frac{1}{3} =$

(5) $1\frac{1}{8} \div 2\frac{1}{8} =$

(6) $3\frac{1}{2} \div 2\frac{5}{8} =$

(7) $3\frac{3}{4} \div 2\frac{1}{2} =$

(8) $1\frac{1}{9} \div 1\frac{2}{3} =$

❷ 次の計算をしましょう。　1つ7点【42点】

(1) $2\frac{2}{5} \div 2\frac{4}{7} =$

(2) $3\frac{2}{3} \div 6\frac{3}{5} =$

(3) $1\frac{5}{9} \div 5\frac{5}{6} =$

(4) $1\frac{6}{7} \div 2\frac{11}{14} =$

(5) $1\frac{1}{16} \div 1\frac{5}{12} =$

(6) $1\frac{7}{11} \div 2\frac{1}{22} =$

次の式を、くふうして計算しましょう。　【10点】

$\frac{10}{21} \times 1\frac{1}{7} + \frac{11}{21} \times 1\frac{1}{7} =$

＼もう１回チャレンジ!! ／

分数のわり算 ⑦

学習した日　　月　　日

名前

得点　　／100点

1638
解説→183ページ

❶ 次の計算をしましょう。 1つ6点【48点】

(例) $2\frac{1}{3}\div1\frac{5}{9}=\frac{7}{3}\div\frac{14}{9}=\frac{\overset{1}{\cancel{7}}}{\underset{1}{\cancel{3}}}\times\frac{\overset{3}{\cancel{9}}}{\underset{2}{\cancel{14}}}=\frac{3}{2}\left(1\frac{1}{2}\right)$

(1) $1\frac{3}{5}\div\frac{4}{7}=$

(2) $3\frac{1}{3}\div\frac{5}{9}=$

(3) $\frac{1}{7}\div1\frac{3}{14}=$

(4) $\frac{5}{6}\div3\frac{1}{3}=$

(5) $1\frac{1}{8}\div2\frac{1}{8}=$

(6) $3\frac{1}{2}\div2\frac{5}{8}=$

(7) $3\frac{3}{4}\div2\frac{1}{2}=$

(8) $1\frac{1}{9}\div1\frac{2}{3}=$

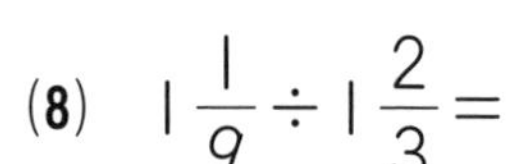

❷ 次の計算をしましょう。 1つ7点【42点】

(1) $2\frac{2}{5}\div2\frac{4}{7}=$

(2) $3\frac{2}{3}\div6\frac{3}{5}=$

(3) $1\frac{5}{9}\div5\frac{5}{6}=$

(4) $1\frac{6}{7}\div2\frac{11}{14}=$

(5) $1\frac{1}{16}\div1\frac{5}{12}=$

(6) $1\frac{7}{11}\div2\frac{1}{22}=$

次の式を、くふうして計算しましょう。 【10点】

$\frac{10}{21}\times1\frac{1}{7}+\frac{11}{21}\times1\frac{1}{7}=$

まとめのテスト❽

目標時間 20分

学習した日　月　日

名前

得点　／100点

1639
解説→184ページ

らくらくマルつけ

❶ 次の計算をしましょう。 1つ7点【56点】

(1) $6 \div \frac{7}{8} =$

(2) $5 \div 1\frac{1}{2} =$

(3) $8 \div \frac{4}{3} =$

(4) $15 \div 1\frac{3}{7} =$

(5) $\frac{5}{6} \div \frac{7}{5} =$

(6) $\frac{7}{12} \div \frac{8}{11} =$

(7) $\frac{1}{14} \div \frac{2}{7} =$

(8) $\frac{5}{12} \div \frac{10}{9} =$

❷ 次の計算をしましょう。 1つ8点【32点】

(1) $\frac{25}{16} \div \frac{5}{24} =$

(2) $\frac{35}{18} \div \frac{7}{9} =$

(3) $\frac{12}{25} \div \frac{16}{75} =$

(4) $\frac{13}{77} \div \frac{39}{22} =$

❸ 自転車に乗って$\frac{21}{4}$kmの道のりを$\frac{5}{8}$時間で走りました。このときの速さは時速何kmですか。【全部できて12点】

(式)

答え(　　　　　　)

＼もう1回チャレンジ!!／

39 まとめのテスト⑧

学習した日　月　日

名前

得点　／100点

1639
解説→184ページ

❶ 次の計算をしましょう。 1つ7点【56点】

(1) $6\div\frac{7}{8}=$

(2) $5\div1\frac{1}{2}=$

(3) $8\div\frac{4}{3}=$

(4) $15\div1\frac{3}{7}=$

(5) $\frac{5}{6}\div\frac{7}{5}=$

(6) $\frac{7}{12}\div\frac{8}{11}=$

(7) $\frac{1}{14}\div\frac{2}{7}=$

(8) $\frac{5}{12}\div\frac{10}{9}=$

❷ 次の計算をしましょう。 1つ8点【32点】

(1) $\frac{25}{16}\div\frac{5}{24}=$

(2) $\frac{35}{18}\div\frac{7}{9}=$

(3) $\frac{12}{25}\div\frac{16}{75}=$

(4) $\frac{13}{77}\div\frac{39}{22}=$

❸ 自転車に乗って$\frac{21}{4}$kmの道のりを$\frac{5}{8}$時間で走りました。このときの速さは時速何kmですか。 【全部できて12点】

(式)

答え(　　　　)

まとめのテスト⑨

学習した日　月　日

名前

得点　／100点

1640
解説→184ページ

1 次の帯分数を仮分数に直しましょう。　1つ5点【10点】

(1) $4\frac{5}{8}$　(　　　)

(2) $3\frac{4}{15}$　(　　　)

2 次の計算をしましょう。　1つ8点【48点】

(1) $3\frac{3}{5} \div 6 =$

(2) $1\frac{3}{7} \div 12 =$

(3) $13\frac{1}{3} \div \frac{16}{27} =$

(4) $1\frac{1}{14} \div \frac{10}{49} =$

(5) $\frac{1}{8} \div 1\frac{7}{20} =$

(6) $\frac{16}{35} \div 3\frac{3}{7} =$

3 次の計算をしましょう。　1つ8点【32点】

(1) $2\frac{4}{9} \div 5\frac{1}{2} =$

(2) $1\frac{5}{16} \div 1\frac{5}{9} =$

(3) $1\frac{19}{25} \div 1\frac{7}{15} =$

(4) $1\frac{13}{15} \div 4\frac{1}{5} =$

4 面積が $18\frac{4}{7}$ m² の長方形があります。この長方形の縦(たて)の長さが $5\frac{5}{14}$ m のときの横の長さは何mですか。　【全部できて10点】

(式)

答え(　　　)

＼もう1回チャレンジ!!／

まとめのテスト❾

学習した日　　月　　日

名前

得点　　／100点

1640
解説→184ページ

❶ 次の帯分数を仮分数に直しましょう。 1つ5点【10点】

(1) $4\frac{5}{8}$　　(　　　)

(2) $3\frac{4}{15}$　　(　　　)

❷ 次の計算をしましょう。 1つ8点【48点】

(1) $3\frac{3}{5} \div 6 =$

(2) $1\frac{3}{7} \div 12 =$

(3) $13\frac{1}{3} \div \frac{16}{27} =$

(4) $1\frac{1}{14} \div \frac{10}{49} =$

(5) $\frac{1}{8} \div 1\frac{7}{20} =$

(6) $\frac{16}{35} \div 3\frac{3}{7} =$

❸ 次の計算をしましょう。 1つ8点【32点】

(1) $2\frac{4}{9} \div 5\frac{1}{2} =$

(2) $1\frac{5}{16} \div 1\frac{5}{9} =$

(3) $1\frac{19}{25} \div 1\frac{7}{15} =$

(4) $1\frac{13}{15} \div 4\frac{1}{5} =$

❹ 面積が $18\frac{4}{7}$ m² の長方形があります。この長方形の縦の長さが $5\frac{5}{14}$ mのときの横の長さは何mですか。 【全部できて10点】

(式)

答え(　　　　　)

分数と小数の計算 ①

学習した日　　月　　日

名前

得点

／100点

1641
解説→185ページ

1 次の小数を分数で表しましょう。 1つ6点【48点】

(1) 0.7

(　　　)

(2) 1.5

(　　　)

(3) 2.3

(　　　)

(4) 3.7

(　　　)

(5) 0.4

(　　　)

(6) 2.8

(　　　)

(7) 4.5

(　　　)

(8) 5.8

(　　　)

2 次の小数を分数で表しましょう。 1つ7点【42点】

(1) 0.19

(　　　)

(2) 0.36

(　　　)

(3) 0.52

(　　　)

(4) 0.75

(　　　)

(5) 2.34

(　　　)

(6) 4.16

(　　　)

スパイラルコーナー

次の計算をしましょう。 1つ5点【10点】

(1) $\frac{2}{5}+\frac{1}{3}=$

(2) $\frac{3}{8}+\frac{5}{12}=$

＼もう1回チャレンジ!! ／

分数と小数の計算 ①

学習した日　　月　　日

名前

得点　　／100点

❶ 次の小数を分数で表しましょう。　1つ6点【48点】

(1) 0.7　（　　　）

(2) 1.5　（　　　）

(3) 2.3　（　　　）

(4) 3.7　（　　　）

(5) 0.4　（　　　）

(6) 2.8　（　　　）

(7) 4.5　（　　　）

(8) 5.8　（　　　）

❷ 次の小数を分数で表しましょう。　1つ7点【42点】

(1) 0.19　（　　　）

(2) 0.36　（　　　）

(3) 0.52　（　　　）

(4) 0.75　（　　　）

(5) 2.34　（　　　）

(6) 4.16　（　　　）

スパイラルコーナー　次の計算をしましょう。　1つ5点【10点】

(1) $\frac{2}{5}+\frac{1}{3}=$

(2) $\frac{3}{8}+\frac{5}{12}=$

分数と小数の計算 ②

学習した日　　月　　日

名前

得点

／100点

1642
解説→185ページ

1 次の計算をしましょう。　1つ6点【48点】

(例) $\frac{4}{3}\times0.4=\frac{4}{3}\times\frac{\cancel{4}^{2}}{\cancel{10}_{5}}=\frac{4\times2}{3\times5}=\frac{8}{15}$

(1) $\frac{7}{3}\times0.1=$

(2) $\frac{1}{6}\times0.7=$

(3) $\frac{1}{7}\times0.9=$

(4) $0.5\times\frac{5}{3}=$

(5) $0.6\times\frac{4}{7}=$

(6) $0.4\times\frac{2}{9}=$

(7) $\frac{4}{3}\times0.6=$

(8) $0.3\times\frac{2}{5}=$

2 次の計算をしましょう。　1つ7点【42点】

(1) $2.5\times\frac{5}{9}=$

(2) $3.5\times\frac{5}{6}=$

(3) $1.8\times\frac{3}{7}=$

(4) $1\frac{3}{8}\times0.6=$

(5) $\frac{4}{11}\times2.4=$

(6) $\frac{2}{13}\times5.6=$

スパイラルコーナー　次の計算をしましょう。　1つ5点【10点】

(1) $\frac{1}{4}+\frac{5}{12}=$

(2) $\frac{1}{6}+\frac{3}{10}=$

＼もう1回チャレンジ!!／

分数と小数の計算 ②

学習した日　　月　　日

名前

得点

／100点

1642

解説→185ページ

❶ 次の計算をしましょう。　1つ6点【48点】

(例) $\frac{4}{3}\times0.4=\frac{4}{3}\times\frac{\cancel{4}^{2}}{\cancel{10}_{5}}=\frac{4\times2}{3\times5}=\frac{8}{15}$

(1) $\frac{7}{3}\times0.1=$

(2) $\frac{1}{6}\times0.7=$

(3) $\frac{1}{7}\times0.9=$

(4) $0.5\times\frac{5}{3}=$

(5) $0.6\times\frac{4}{7}=$

(6) $0.4\times\frac{2}{9}=$

(7) $\frac{4}{3}\times0.6=$

(8) $0.3\times\frac{2}{5}=$

❷ 次の計算をしましょう。　1つ7点【42点】

(1) $2.5\times\frac{5}{9}=$

(2) $3.5\times\frac{5}{6}=$

(3) $1.8\times\frac{3}{7}=$

(4) $1\frac{3}{8}\times0.6=$

(5) $\frac{4}{11}\times2.4=$

(6) $\frac{2}{13}\times5.6=$

スパイラルコーナー

次の計算をしましょう。　1つ5点【10点】

(1) $\frac{1}{4}+\frac{5}{12}=$

(2) $\frac{1}{6}+\frac{3}{10}=$

分数と小数の計算③

学習した日　　月　　日

名前

得点

／100点

1643
解説→186ページ

1 次の計算をしましょう。　1つ6点【48点】

(1) $\frac{2}{3}\times0.6=$

(2) $\frac{1}{6}\times0.9=$

(3) $\frac{3}{4}\times1.6=$

(4) $\frac{4}{3}\times1.8=$

(5) $0.4\times\frac{1}{8}=$

(6) $0.7\times\frac{2}{9}=$

(7) $1.4\times\frac{5}{8}=$

(8) $1.5\times\frac{5}{6}=$

2 次の計算をしましょう。　1つ7点【42点】

(1) $\frac{5}{3}\times4.2=$

(2) $\frac{5}{9}\times3.6=$

(3) $2\frac{1}{4}\times3.2=$

(4) $1.5\times1\frac{5}{9}=$

(5) $1.3\times\frac{4}{11}=$

(6) $2.1\times\frac{8}{13}=$

次の計算をしましょう。　1つ5点【10点】

(1) $1\frac{1}{6}+\frac{1}{18}=$

(2) $2\frac{1}{5}+1\frac{3}{4}=$

＼もう1回チャレンジ!! ／

分数と小数の計算 ③

学習した日　月　日

名前

得点　／100点

1643
解説→186ページ

1 次の計算をしましょう。 1つ6点【48点】

(1) $\frac{2}{3}\times0.6=$

(2) $\frac{1}{6}\times0.9=$

(3) $\frac{3}{4}\times1.6=$

(4) $\frac{4}{3}\times1.8=$

(5) $0.4\times\frac{1}{8}=$

(6) $0.7\times\frac{2}{9}=$

(7) $1.4\times\frac{5}{8}=$

(8) $1.5\times\frac{5}{6}=$

2 次の計算をしましょう。 1つ7点【42点】

(1) $\frac{5}{3}\times4.2=$

(2) $\frac{5}{9}\times3.6=$

(3) $2\frac{1}{4}\times3.2=$

(4) $1.5\times1\frac{5}{9}=$

(5) $1.3\times\frac{4}{11}=$

(6) $2.1\times\frac{8}{13}=$

スパイラルコーナー

次の計算をしましょう。 1つ5点【10点】

(1) $1\frac{1}{6}+\frac{1}{18}=$

(2) $2\frac{1}{5}+1\frac{3}{4}=$

44 分数と小数の計算 ④

目標時間 20分

学習した日　月　日

名前

得点　／100点

1644
解説→186ページ

らくらくマルつけ

❶ 次の計算をしましょう。

1つ6点【48点】

(1) $0.3 \div \frac{4}{7} =$

(2) $0.7 \div \frac{5}{3} =$

(3) $0.9 \div \frac{4}{7} =$

(4) $0.8 \div \frac{3}{4} =$

(5) $\frac{3}{5} \div 0.8 =$

(6) $\frac{2}{3} \div 1.3 =$

(7) $\frac{6}{7} \div 0.7 =$

(8) $\frac{1}{5} \div 1.5 =$

❷ 次の計算をしましょう。

1つ7点【42点】

(1) $1.7 \div \frac{7}{3} =$

(2) $1.8 \div \frac{8}{3} =$

(3) $2.4 \div \frac{5}{6} =$

(4) $\frac{8}{3} \div 2.1 =$

(5) $1\frac{1}{5} \div 3.5 =$

(6) $2\frac{1}{4} \div 3.4 =$

スパイラルコーナー

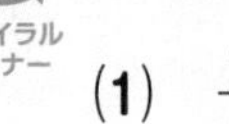

次の計算をしましょう。

1つ5点【10点】

(1) $\frac{4}{5} - \frac{1}{2} =$

(2) $\frac{5}{7} - \frac{2}{3} =$

＼もう1回チャレンジ!! ／

44 分数と小数の計算④

学習した日　　月　　日

名前

得点　　／100点

1644
解説→186ページ

❶ 次の計算をしましょう。

1つ6点【48点】

(1) $0.3\div\frac{4}{7}=$

(2) $0.7\div\frac{5}{3}=$

(3) $0.9\div\frac{4}{7}=$

(4) $0.8\div\frac{3}{4}=$

(5) $\frac{3}{5}\div0.8=$

(6) $\frac{2}{3}\div1.3=$

(7) $\frac{6}{7}\div0.7=$

(8) $\frac{1}{5}\div1.5=$

❷ 次の計算をしましょう。

1つ7点【42点】

(1) $1.7\div\frac{7}{3}=$

(2) $1.8\div\frac{8}{3}=$

(3) $2.4\div\frac{5}{6}=$

(4) $\frac{8}{3}\div2.1=$

(5) $1\frac{1}{5}\div3.5=$

(6) $2\frac{1}{4}\div3.4=$

スパイラルコーナー

次の計算をしましょう。

1つ5点【10点】

(1) $\frac{4}{5}-\frac{1}{2}=$

(2) $\frac{5}{7}-\frac{2}{3}=$

分数と小数の計算 ⑤

学習した日　　月　　日

名前

得点

／100点

1645
解説→186ページ

らくらくマルつけ

❶ 次の計算をしましょう。　1つ6点【48点】

(1) $0.9 \div \frac{3}{5} =$

(2) $0.7 \div \frac{2}{5} =$

(3) $1.1 \div \frac{7}{15} =$

(4) $2.1 \div \frac{14}{5} =$

(5) $\frac{5}{4} \div 0.5 =$

(6) $\frac{4}{5} \div 0.1 =$

(7) $\frac{4}{15} \div 0.3 =$

(8) $\frac{7}{20} \div 1.4 =$

❷ 次の計算をしましょう。　1つ7点【42点】

(1) $3.9 \div \frac{13}{15} =$

(2) $1.8 \div \frac{6}{7} =$

(3) $3.5 \div \frac{21}{16} =$

(4) $6\frac{1}{3} \div 1.9 =$

(5) $2\frac{2}{3} \div 2.4 =$

(6) $1\frac{1}{8} \div 4.5 =$

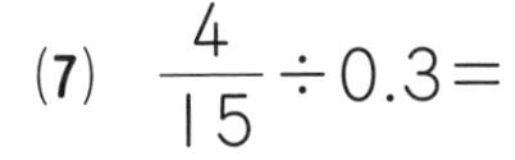

次の計算をしましょう。　1つ5点【10点】

(1) $\frac{2}{3} - \frac{5}{12} =$

(2) $\frac{5}{6} - \frac{3}{10} =$

＼もう１回チャレンジ!!／

分数と小数の計算⑤

学習した日　月　日

名前

得点　／100点

1645
解説→186ページ

❶ 次の計算をしましょう。　1つ6点【48点】

(1) $0.9 \div \frac{3}{5} =$

(2) $0.7 \div \frac{2}{5} =$

(3) $1.1 \div \frac{7}{15} =$

(4) $2.1 \div \frac{14}{5} =$

(5) $\frac{5}{4} \div 0.5 =$

(6) $\frac{4}{5} \div 0.1 =$

(7) $\frac{4}{15} \div 0.3 =$

(8) $\frac{7}{20} \div 1.4 =$

❷ 次の計算をしましょう。　1つ7点【42点】

(1) $3.9 \div \frac{13}{15} =$

(2) $1.8 \div \frac{6}{7} =$

(3) $3.5 \div \frac{21}{16} =$

(4) $6\frac{1}{3} \div 1.9 =$

(5) $2\frac{2}{3} \div 2.4 =$

(6) $1\frac{1}{8} \div 4.5 =$

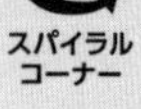

次の計算をしましょう。　1つ5点【10点】

(1) $\frac{2}{3} - \frac{5}{12} =$

(2) $\frac{5}{6} - \frac{3}{10} =$

まとめのテスト⑩

目標時間 20分

学習した日　月　日

名前

得点　／100点

1646 解説→187ページ

らくらくマルつけ

❶ 次の計算をしましょう。 1つ7点【56点】

(1) $\frac{3}{2}\times0.3=$

(2) $\frac{5}{8}\times0.7=$

(3) $\frac{3}{7}\times0.8=$

(4) $\frac{3}{4}\times2.4=$

(5) $1.7\times\frac{5}{8}=$

(6) $1.8\times\frac{1}{3}=$

(7) $1.2\times\frac{2}{3}=$

(8) $2.3\times1\frac{7}{8}=$

❷ 次の計算をしましょう。 1つ8点【32点】

(1) $3\frac{3}{5}\times2.5=$

(2) $\frac{5}{8}\times3.2=$

(3) $2.2\times\frac{10}{33}=$

(4) $3.7\times\frac{4}{9}=$

❸ 右の図の長方形の面積は何 m^2 ですか。 【全部できて12点】

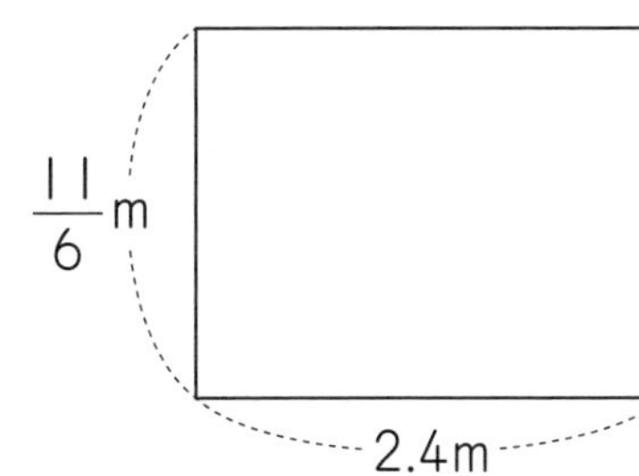

（式）

答え（　　　　　　）

＼もう1回チャレンジ!!／

まとめのテスト⑩

目標時間 20分

学習した日　月　日

名前

得点　／100点

1646 解説→187ページ

❶ 次の計算をしましょう。 1つ7点【56点】

(1) $\frac{3}{2} \times 0.3 =$

(2) $\frac{5}{8} \times 0.7 =$

(3) $\frac{3}{7} \times 0.8 =$

(4) $\frac{3}{4} \times 2.4 =$

(5) $1.7 \times \frac{5}{8} =$

(6) $1.8 \times \frac{1}{3} =$

(7) $1.2 \times \frac{2}{3} =$

(8) $2.3 \times 1\frac{7}{8} =$

❷ 次の計算をしましょう。 1つ8点【32点】

(1) $3\frac{3}{5} \times 2.5 =$

(2) $\frac{5}{8} \times 3.2 =$

(3) $2.2 \times \frac{10}{33} =$

(4) $3.7 \times \frac{4}{9} =$

❸ 右の図の長方形の面積は何 m^2 ですか。 【全部できて12点】

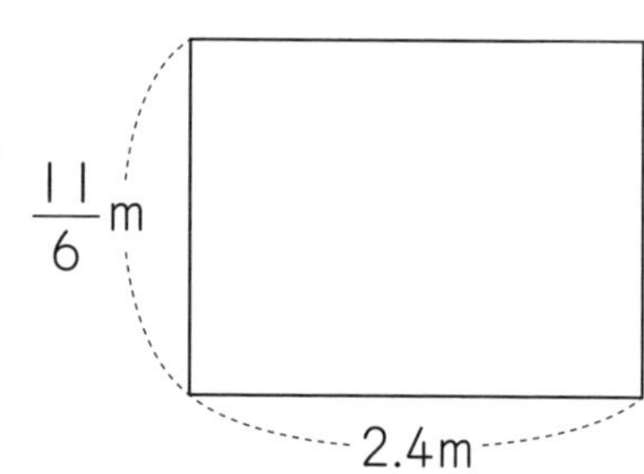

(式)

答え(　　　　　　)

まとめのテスト⑪

目標時間 20分

学習した日　月　日

名前

得点　／100点

1647
解説→187ページ

らくらくマルつけ

1 次の計算をしましょう。　1つ7点【56点】

(1) $0.1 \div \frac{9}{4} =$

(2) $1.3 \div \frac{8}{3} =$

(3) $3.3 \div \frac{11}{2} =$

(4) $2.5 \div \frac{15}{16} =$

(5) $\frac{1}{3} \div 0.9 =$

(6) $\frac{3}{4} \div 1.7 =$

(7) $\frac{7}{3} \div 3.1 =$

(8) $3\frac{3}{5} \div 1.2 =$

2 次の計算をしましょう。　1つ8点【32点】

(1) $0.8 \div \frac{9}{5} =$

(2) $1.4 \div \frac{3}{10} =$

(3) $\frac{11}{3} \div 2.2 =$

(4) $\frac{21}{16} \div 3.5 =$

3 ともきさんは、2.8kmの道のりを、$\frac{7}{10}$時間かけて歩きました。ともきさんの歩く速さは時速何kmですか。　【全部できて12点】

(式)

答え(　　　　　　)

＼もう1回チャレンジ!!／

47 まとめのテスト⑪

学習した日　　月　　日

名前

得点

／100点

1647
解説→187ページ

❶ 次の計算をしましょう。 1つ7点【56点】

(1) $0.1\div\frac{9}{4}=$

(2) $1.3\div\frac{8}{3}=$

(3) $3.3\div\frac{11}{2}=$

(4) $2.5\div\frac{15}{16}=$

(5) $\frac{1}{3}\div0.9=$

(6) $\frac{3}{4}\div1.7=$

(7) $\frac{7}{3}\div3.1=$

(8) $3\frac{3}{5}\div1.2=$

❷ 次の計算をしましょう。 1つ8点【32点】

(1) $0.8\div\frac{9}{5}=$

(2) $1.4\div\frac{3}{10}=$

(3) $\frac{11}{3}\div2.2=$

(4) $\frac{21}{16}\div3.5=$

❸ ともきさんは、2.8kmの道のりを、$\frac{7}{10}$時間かけて歩きました。ともきさんの歩く速さは時速何kmですか。 【全部できて12点】

(式)

答え(　　　　　　　)

3つの分数の計算 ①

学習した日　月　日

名前

得点

／100点

1648
解説→188ページ

1 次の計算をしましょう。 1つ8点【48点】

(1) $\frac{3}{4}\times\frac{2}{5}\times\frac{1}{6}=$

(2) $\frac{1}{2}\times\frac{3}{10}\times\frac{7}{4}=$

(3) $\frac{5}{6}\times\frac{1}{4}\times\frac{9}{10}=$

(4) $\frac{4}{9}\times\frac{6}{7}\times\frac{3}{8}=$

(5) $\frac{3}{11}\times\frac{2}{5}\times\frac{22}{9}=$

(6) $\frac{1}{12}\times\frac{4}{7}\times4\frac{2}{3}=$

2 次の計算をしましょう。 1つ8点【40点】

(1) $\frac{3}{8}\times\frac{6}{5}\div\frac{3}{5}=$

(2) $\frac{3}{10}\times\frac{8}{9}\div\frac{14}{15}=$

(3) $\frac{7}{16}\times\frac{24}{25}\div\frac{14}{15}=$

(4) $\frac{11}{12}\times\frac{16}{33}\div\frac{1}{3}=$

(5) $\frac{8}{39}\times\frac{9}{10}\div\frac{4}{13}=$

次の計算をしましょう。 【12点】

$2\frac{1}{5}-\frac{1}{2}=$

＼もう1回チャレンジ!!／

3つの分数の計算①

目標時間(もくひょうじかん) 20分

学習した日　　月　　日

名前

得点　　／100点

1648

解説→188ページ

1 次の計算をしましょう。 1つ8点【48点】

(1) $\frac{3}{4}\times\frac{2}{5}\times\frac{1}{6}=$

(2) $\frac{1}{2}\times\frac{3}{10}\times\frac{7}{4}=$

(3) $\frac{5}{6}\times\frac{1}{4}\times\frac{9}{10}=$

(4) $\frac{4}{9}\times\frac{6}{7}\times\frac{3}{8}=$

(5) $\frac{3}{11}\times\frac{2}{5}\times\frac{22}{9}=$

(6) $\frac{1}{12}\times\frac{4}{7}\times4\frac{2}{3}=$

2 次の計算をしましょう。 1つ8点【40点】

(1) $\frac{3}{8}\times\frac{6}{5}\div\frac{3}{5}=$

(2) $\frac{3}{10}\times\frac{8}{9}\div\frac{14}{15}=$

(3) $\frac{7}{16}\times\frac{24}{25}\div\frac{14}{15}=$

(4) $\frac{11}{12}\times\frac{16}{33}\div\frac{1}{3}=$

(5) $\frac{8}{39}\times\frac{9}{10}\div\frac{4}{13}=$

スパイラルコーナー

次の計算をしましょう。 【12点】

$2\frac{1}{5}-\frac{1}{2}=$

3つの分数の計算②

学習した日　　月　　日

名前

得点

／100点

1649
解説→188ページ

らくらくマルつけ

1 次の計算をしましょう。　1つ8点【48点】

(1) $\frac{5}{6} \div \frac{4}{9} \times \frac{1}{10} =$

(2) $\frac{1}{4} \div \frac{2}{5} \times \frac{3}{2} =$

(3) $\frac{4}{5} \div \frac{3}{10} \times \frac{1}{6} =$

(4) $\frac{2}{21} \div \frac{3}{7} \times \frac{9}{4} =$

(5) $\frac{3}{10} \div \frac{6}{25} \times \frac{4}{5} =$

(6) $\frac{7}{28} \div \frac{27}{49} \times \frac{8}{7} =$

2 次の計算をしましょう。　1つ10点【40点】

(1) $\frac{5}{16} \div \frac{4}{3} \div \frac{1}{3} =$

(2) $\frac{2}{9} \div \frac{1}{3} \div \frac{4}{7} =$

(3) $\frac{5}{21} \div \frac{10}{3} \div \frac{1}{7} =$

(4) $\frac{3}{10} \div \frac{2}{5} \div \frac{3}{8} =$

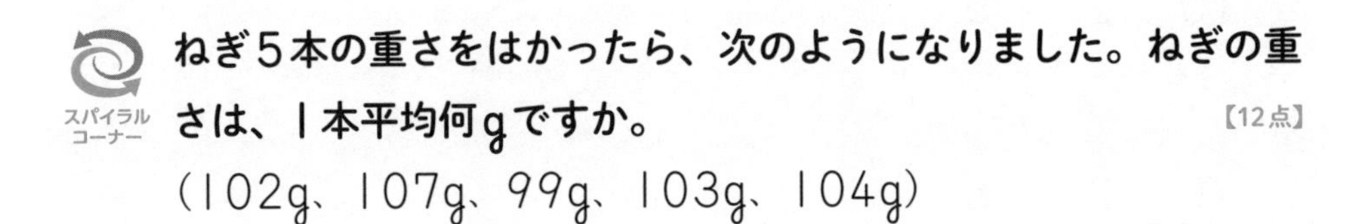

スパイラルコーナー

ねぎ５本の重さをはかったら、次のようになりました。ねぎの重さは、１本平均何gですか。　【12点】

（102g、107g、99g、103g、104g）

（　　　　　）

３つの分数の計算 ②

学習した日　月　日

名前

得点

／100点

解説→188ページ

❶ 次の計算をしましょう。　1つ8点【48点】

(1) $\frac{5}{6} \div \frac{4}{9} \times \frac{1}{10} =$

(2) $\frac{1}{4} \div \frac{2}{5} \times \frac{3}{2} =$

(3) $\frac{4}{5} \div \frac{3}{10} \times \frac{1}{6} =$

(4) $\frac{2}{21} \div \frac{3}{7} \times \frac{9}{4} =$

(5) $\frac{3}{10} \div \frac{6}{25} \times \frac{4}{5} =$

(6) $\frac{7}{28} \div \frac{27}{49} \times \frac{8}{7} =$

❷ 次の計算をしましょう。　1つ10点【40点】

(1) $\frac{5}{16} \div \frac{4}{3} \div \frac{1}{3} =$

(2) $\frac{2}{9} \div \frac{1}{3} \div \frac{4}{7} =$

(3) $\frac{5}{21} \div \frac{10}{3} \div \frac{1}{7} =$

(4) $\frac{3}{10} \div \frac{2}{5} \div \frac{3}{8} =$

スパイラルコーナー

ねぎ５本の重さをはかったら、次のようになりました。ねぎの重さは、１本平均何gですか。　【12点】

（102g、107g、99g、103g、104g）

（　　　　）

3つの分数の計算③

学習した日　月　日

名前

得点

／100点

1650
解説→189ページ

❶ 次の計算をしましょう。　1つ8点【48点】

(1) $\frac{1}{3}\times0.4\times\frac{10}{9}=$

(2) $\frac{3}{2}\times0.7\times\frac{1}{2}=$

(3) $\frac{3}{14}\times0.6\times\frac{7}{9}=$

(4) $\frac{7}{8}\times\frac{6}{5}\times2.5=$

(5) $\frac{1}{6}\times5\times0.3=$

(6) $4\times\frac{1}{6}\times1.8=$

❷ 次の計算をしましょう。　1つ10点【40点】

(1) $\frac{3}{4}\times0.7\div\frac{7}{6}=$

(2) $2.2\times\frac{1}{4}\div\frac{2}{5}=$

(3) $6\times\frac{7}{9}\div\frac{1}{3}=$

(4) $\frac{2}{3}\times\frac{9}{25}\div1.3=$

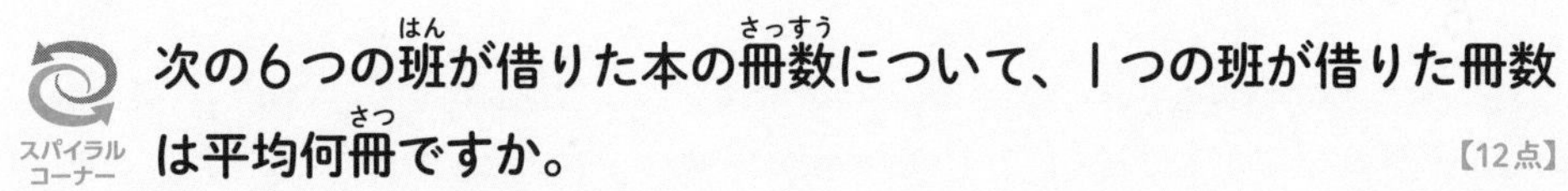

スパイラルコーナー

次の６つの班が借りた本の冊数について、１つの班が借りた冊数は平均何冊ですか。　【12点】

(４冊、２冊、０冊、３冊、６冊、３冊)

(　　　　)

＼もう1回チャレンジ!!／

3つの分数の計算 ③

学習した日　　月　　日

名前

得点

／100点

1650
解説→189ページ

らくらくマルつけ

❶ 次の計算をしましょう。 1つ8点【48点】

(1) $\frac{1}{3}\times0.4\times\frac{10}{9}=$

(2) $\frac{3}{2}\times0.7\times\frac{1}{2}=$

(3) $\frac{3}{14}\times0.6\times\frac{7}{9}=$

(4) $\frac{7}{8}\times\frac{6}{5}\times2.5=$

(5) $\frac{1}{6}\times5\times0.3=$

(6) $4\times\frac{1}{6}\times1.8=$

❷ 次の計算をしましょう。 1つ10点【40点】

(1) $\frac{3}{4}\times0.7\div\frac{7}{6}=$

(2) $2.2\times\frac{1}{4}\div\frac{2}{5}=$

(3) $6\times\frac{7}{9}\div\frac{1}{3}=$

(4) $\frac{2}{3}\times\frac{9}{25}\div1.3=$

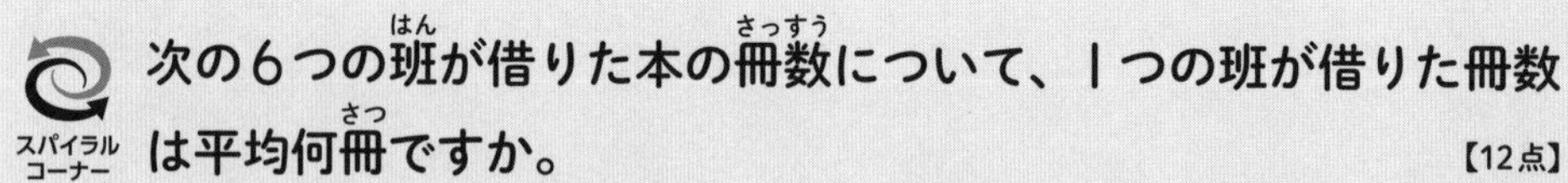

スパイラルコーナー

次の6つの班(はん)が借りた本の冊数(さっすう)について、1つの班が借りた冊数は平均何冊(さつ)ですか。 【12点】

(4冊、2冊、0冊、3冊、6冊、3冊)

(　　　　)

3つの分数の計算④

学習した日　　月　　日

名前

得点

／100点

1651
解説→189ページ

❶ 次の計算をしましょう。　1つ8点【48点】

(1) $0.7 \div \frac{2}{5} \times \frac{1}{4} =$

(2) $\frac{4}{7} \div \frac{6}{5} \times 0.9 =$

(3) $\frac{3}{10} \div \frac{11}{6} \times 2.2 =$

(4) $\frac{7}{15} \div 1.3 \times 3\frac{5}{7} =$

(5) $\frac{3}{8} \div 3 \times 1.2 =$

(6) $12 \div \frac{9}{4} \times 1.5 =$

❷ 次の計算をしましょう。　1つ10点【40点】

(1) $0.6 \div \frac{2}{3} \div \frac{4}{7} =$

(2) $2\frac{4}{5} \div 0.7 \div \frac{16}{3} =$

(3) $9 \div \frac{3}{8} \div 1.2 =$

(4) $\frac{3}{8} \div 0.1 \div 2.5 =$

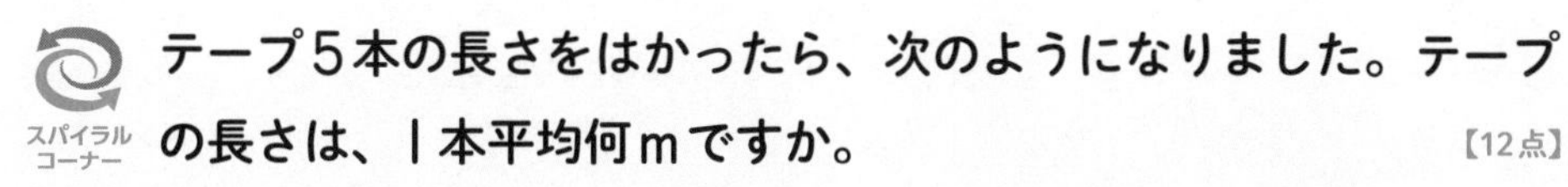

スパイラルコーナー　テープ５本の長さをはかったら、次のようになりました。テープの長さは、１本平均何mですか。　【12点】

(6m、4m、7m、5m、6m)

(　　　　)

＼もう1回チャレンジ!! ／

3つの分数の計算④

目標時間 20分

学習した日　　月　　日

名前

得点　　／100点

1651
解説→189ページ

❶ 次の計算をしましょう。 1つ8点【48点】

(1) $0.7 \div \frac{2}{5} \times \frac{1}{4} =$

(2) $\frac{4}{7} \div \frac{6}{5} \times 0.9 =$

(3) $\frac{3}{10} \div \frac{11}{6} \times 2.2 =$

(4) $\frac{7}{15} \div 1.3 \times 3\frac{5}{7} =$

(5) $\frac{3}{8} \div 3 \times 1.2 =$

(6) $12 \div \frac{9}{4} \times 1.5 =$

❷ 次の計算をしましょう。 1つ10点【40点】

(1) $0.6 \div \frac{2}{3} \div \frac{4}{7} =$

(2) $2\frac{4}{5} \div 0.7 \div \frac{16}{3} =$

(3) $9 \div \frac{3}{8} \div 1.2 =$

(4) $\frac{3}{8} \div 0.1 \div 2.5 =$

スパイラルコーナー

テープ5本の長さをはかったら、次のようになりました。テープの長さは、1本平均何mですか。 【12点】

(6m、4m、7m、5m、6m)

(　　　　)

まとめのテスト⑫

目標時間 20分

学習した日　月　日

名前

得点　／100点

1652 解説→189ページ

らくらくマルつけ

1 次の計算をしましょう。　1つ11点【55点】

(1) $\frac{1}{2}\times\frac{7}{4}\times\frac{3}{5}=$

(2) $\frac{8}{21}\times\frac{7}{5}\times\frac{1}{6}=$

(3) $\frac{5}{9}\times1.1\times\frac{3}{2}=$

(4) $5\times\frac{2}{3}\times1.8=$

(5) $\frac{7}{6}\div\frac{2}{9}\times\frac{5}{3}=$

2 次の計算をしましょう。　1つ11点【33点】

(1) $\frac{15}{2}\div5\times\frac{1}{6}=$

(2) $6\div\frac{11}{3}\times4.4=$

(3) $\frac{5}{3}\div3.5\times0.7=$

3 右の図の直方体の体積は何m^3ですか。　【全部できて12点】

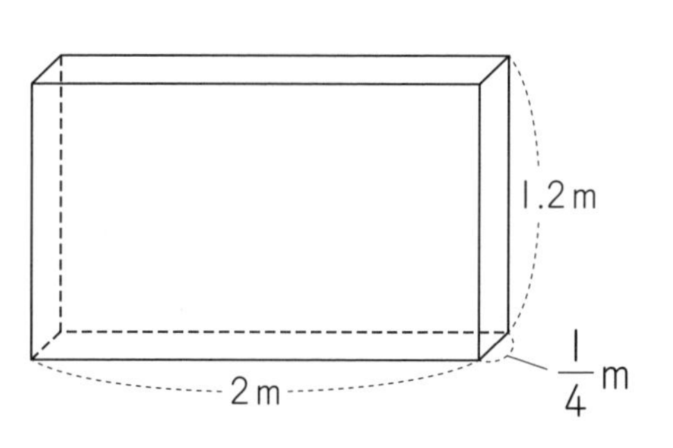

(式)

答え(　　　　)

＼もう1回チャレンジ!!／

52 まとめのテスト⑫

目標時間 20分

学習した日　月　日

名前

得点　／100点

1652
解説→189ページ

❶ 次の計算をしましょう。 1つ11点【55点】

(1) $\frac{1}{2}\times\frac{7}{4}\times\frac{3}{5}=$

(2) $\frac{8}{21}\times\frac{7}{5}\times\frac{1}{6}=$

(3) $\frac{5}{9}\times1.1\times\frac{3}{2}=$

(4) $5\times\frac{2}{3}\times1.8=$

(5) $\frac{7}{6}\div\frac{2}{9}\times\frac{5}{3}=$

❷ 次の計算をしましょう。 1つ11点【33点】

(1) $\frac{15}{2}\div5\times\frac{1}{6}=$

(2) $6\div\frac{11}{3}\times4.4=$

(3) $\frac{5}{3}\div3.5\times0.7=$

❸ 右の図の直方体の体積は何m^3ですか。 【全部できて12点】

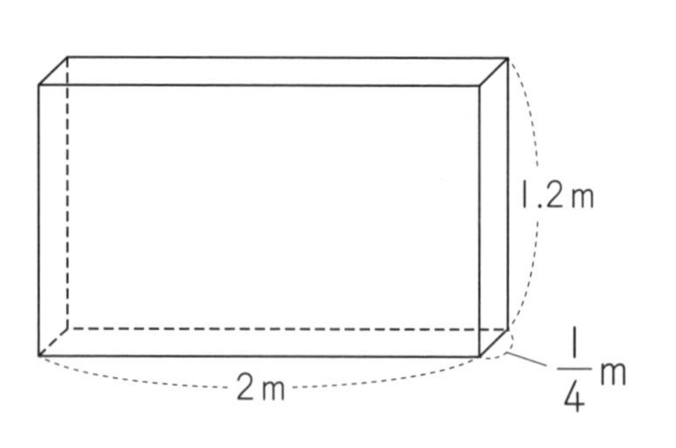

(式)

答え(　　　　)

まとめのテスト⑬

学習した日　　月　　日

名前

得点

／100点

1653
解説→190ページ

1 次の計算をしましょう。　1つ11点【55点】

(1) $\frac{1}{3}\times\frac{9}{10}\div\frac{6}{7}=$

(2) $\frac{7}{12}\times1.6\div\frac{16}{9}=$

(3) $1.1\times\frac{3}{4}\div\frac{11}{16}=$

(4) $\frac{4}{9}\times1\frac{5}{8}\div2.6=$

(5) $\frac{4}{7}\div6\div\frac{2}{3}=$

2 次の計算をしましょう。　1つ11点【33点】

(1) $\frac{5}{6}\div\frac{15}{8}\div\frac{2}{5}=$

(2) $\frac{2}{5}\div2.7\div\frac{4}{9}=$

(3) $1.8\div4\frac{1}{2}\div1.3=$

3 Aのテープの長さはBのテープの3倍、Cのテープの長さはAのテープの1.2倍で、Cのテープの長さは$\frac{27}{16}$mです。このとき、Bのテープの長さは何mですか。分数で答えましょう。　【全部できて12点】

(式)

答え(　　　　　)

まとめのテスト⑬

学習した日　　月　　日

名前

得点

／100点

1653
解説→190ページ

❶ 次の計算をしましょう。 1つ11点【55点】

(1) $\frac{1}{3} \times \frac{9}{10} \div \frac{6}{7} =$

(2) $\frac{7}{12} \times 1.6 \div \frac{16}{9} =$

(3) $1.1 \times \frac{3}{4} \div \frac{11}{16} =$

(4) $\frac{4}{9} \times 1\frac{5}{8} \div 2.6 =$

(5) $\frac{4}{7} \div 6 \div \frac{2}{3} =$

❷ 次の計算をしましょう。 1つ11点【33点】

(1) $\frac{5}{6} \div \frac{15}{8} \div \frac{2}{5} =$

(2) $\frac{2}{5} \div 2.7 \div \frac{4}{9} =$

(3) $1.8 \div 4\frac{1}{2} \div 1.3 =$

❸ Aのテープの長さはBのテープの3倍、Cのテープの長さはAのテープの1.2倍で、Cのテープの長さは$\frac{27}{16}$mです。このとき、Bのテープの長さは何mですか。分数で答えましょう。 【全部できて12点】

(式)

答え(　　　　　)

パズル②

学習した日　　月　　日

名前

得点

／100点

1654
解説→190ページ

1 次の□には、(　)の中の数がそれぞれ１つずつ入ります。□に数を入れてできた「分数」について、いちばん大きい数になるものを答えましょう。なお、約分できていなくてもかまいません。 【50点】

(1) (1、2、3、4) (15点)

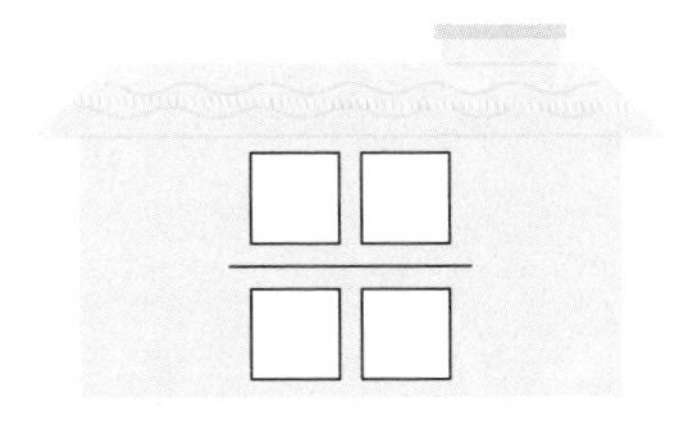

(　　　　)

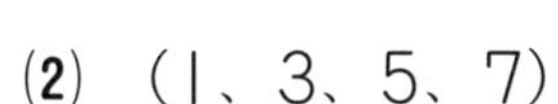

(2) (1、3、5、7) (15点)

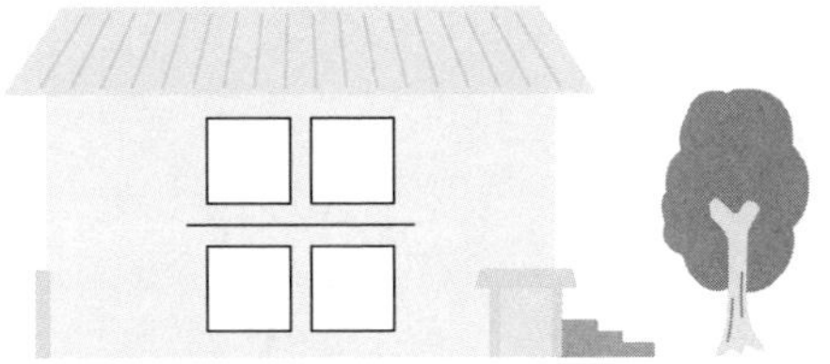
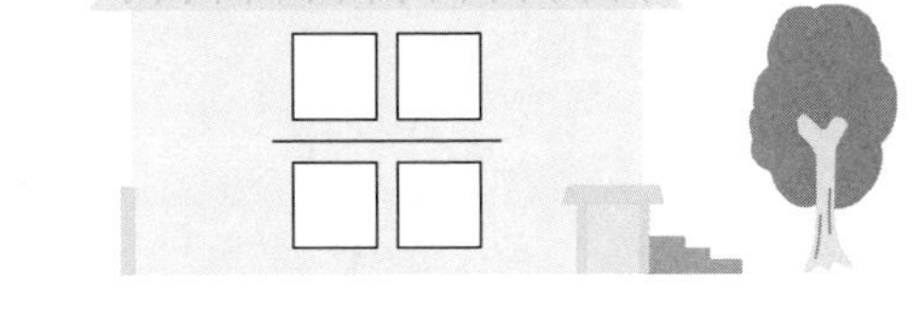

(　　　　)

(3) (1、3、5、6、7、9) (20点)

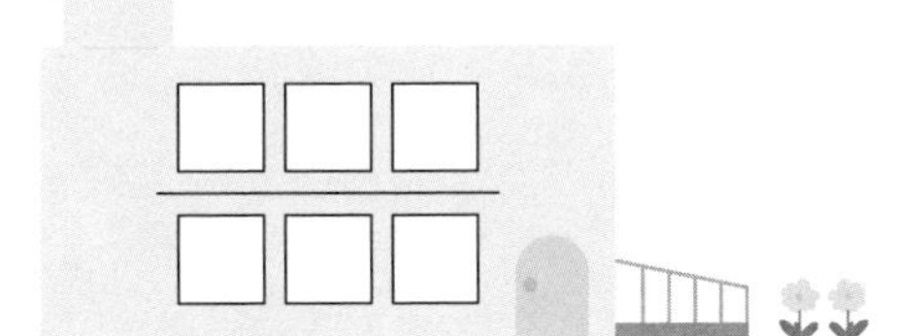

(　　　　)

2 次の□には、(　)の中の数がそれぞれ１つずつ入ります。□に数を入れてできた「分数」について、いちばん小さい数になるものを答えましょう。なお、約分できていなくてもかまいません。 【50点】

(1) (1、2、3、4) (15点)

(　　　　)

(2) (2、4、6、8) (15点)

(　　　　)

(3) (2、4、4、4、6、7) (20点)

(　　　　)

＼もう１回チャレンジ!!／

パズル ②

学習した日　　月　　日

名前

得点　　／100点

解説→190ページ

❶ 次の□には、（　）の中の数がそれぞれ１つずつ入ります。□に数を入れてできた「分数」について、いちばん大きい数になるものを答えましょう。なお、約分できていなくてもかまいません。【50点】

(1)（1、2、3、4）

（15点）

（　　　　）

(2)（1、3、5、7）　（15点）

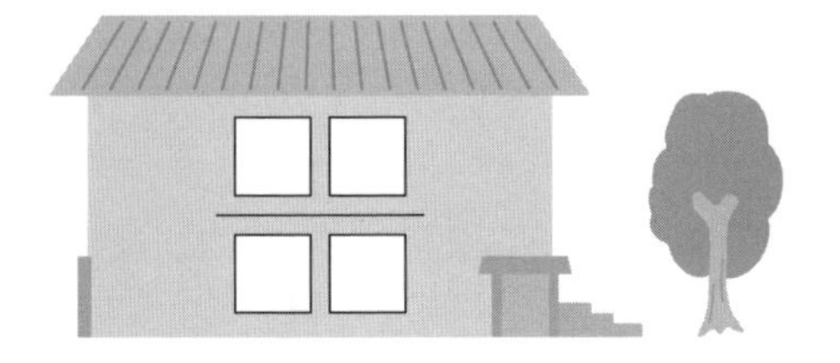

（　　　　）

(3)（1、3、5、6、7、9）　（20点）

（　　　　）

❷ 次の□には、（　）の中の数がそれぞれ１つずつ入ります。□に数を入れてできた「分数」について、いちばん小さい数になるものを答えましょう。なお、約分できていなくてもかまいません。【50点】

(1)（1、2、3、4）

（15点）

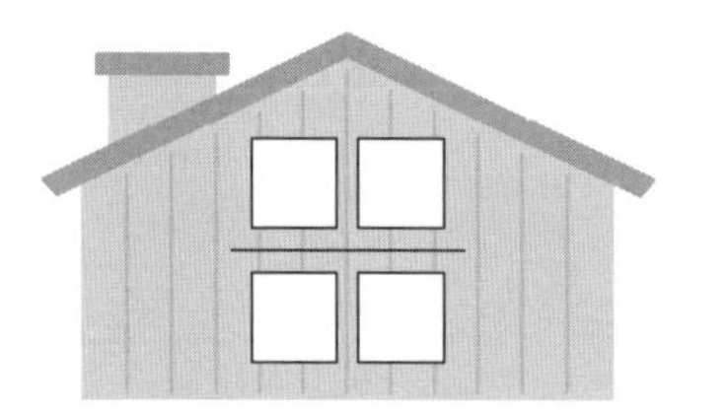

（　　　　）

(2)（2、4、6、8）
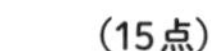
（15点）

（　　　　）

(3)（2、4、4、4、6、7）　（20点）

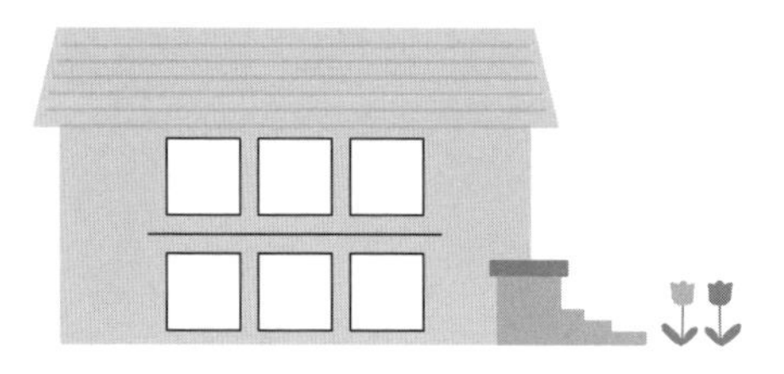

（　　　　）

55 分数倍①

学習した日　月　日
名前
得点　／100点

1655
解説→191ページ

1 **Aのテープの長さは6m、Bのテープの長さは9m、Cのテープの長さは12mです。次の問いに整数か分数で答えましょう。** 【60点】

(1) Cのテープの長さはAのテープの長さの何倍ですか。 （全部できて15点）

(式)

答え(　　　　)

(2) Bのテープの長さはAのテープの長さの何倍ですか。 （全部できて15点）

(式)

答え(　　　　)

(3) Bのテープの長さはCのテープの長さの何倍ですか。 （全部できて15点）

(式)

答え(　　　　)

(4) Cのテープの長さはBのテープの長さの何倍ですか。 （全部できて15点）

(式)

答え(　　　　)

2 **Aのテープの長さは$\frac{1}{2}$m、Bのテープの長さは$\frac{9}{5}$m、Cのテープの長さは7mです。次の問いに答えましょう。** 【30点】

(1) Bのテープの長さはCのテープの長さの何倍ですか。 （全部できて15点）

(式)

答え(　　　　)

(2) Aのテープの長さはBのテープの長さの何倍ですか。 （全部できて15点）

(式)

答え(　　　　)

スパイラルコーナー

ある車はガソリン20Lで230km走ることができます。この車のガソリン1Lあたりに走ることができる道のりは何kmですか。小数で答えましょう。 【全部できて10点】

(式)

答え(　　　　)

分数倍 ①

学習した日　　月　　日

名前

得点

／100点

1655
解説→191ページ

❶ Aのテープの長さは6m、Bのテープの長さは9m、Cのテープの長さは12mです。次の問いに整数か分数で答えましょう。 【60点】

(1) Cのテープの長さはAのテープの長さの何倍ですか。 (全部できて15点)

(式)

答え(　　　　　　)

(2) Bのテープの長さはAのテープの長さの何倍ですか。 (全部できて15点)

(式)

答え(　　　　　　)

(3) Bのテープの長さはCのテープの長さの何倍ですか。 (全部できて15点)

(式)

答え(　　　　　　)

(4) Cのテープの長さはBのテープの長さの何倍ですか。 (全部できて15点)

(式)

答え(　　　　　　)

❷ Aのテープの長さは$\frac{1}{2}$m、Bのテープの長さは$\frac{9}{5}$m、Cのテープの長さは7mです。次の問いに答えましょう。 【30点】

(1) Bのテープの長さはCのテープの長さの何倍ですか。 (全部できて15点)

(式)

答え(　　　　　　)

(2) Aのテープの長さはBのテープの長さの何倍ですか。 (全部できて15点)

(式)

答え(　　　　　　)

スパイラルコーナー

ある車はガソリン20Lで230km走ることができます。この車のガソリン1Lあたりに走ることができる道のりは何kmですか。小数で答えましょう。 【全部できて10点】

(式)

答え(　　　　　　)

分数倍②

学習した日　月　日

名前

得点

／100点

1656
解説→191ページ

1 **Aの荷物の重さは$\frac{2}{3}$kg、Bの荷物の重さは$\frac{7}{6}$kg、Cの荷物の重さは$\frac{11}{8}$kgです。次の問いに答えましょう。**【54点】

(1) Cの荷物の重さはAの荷物の重さの何倍ですか。（全部できて18点）

(式)

答え(　　　　　　　　)

(2) Bの荷物の重さはAの荷物の重さの何倍ですか。（全部できて18点）

(式)

答え(　　　　　　　　)

(3) Bの荷物の重さはCの荷物の重さの何倍ですか。（全部できて18点）

(式)

答え(　　　　　　　　)

2 **Aのバケツに入っている水の量は$3\frac{2}{3}$L、Bのバケツに入っている水の量は2.2Lです。次の問いに分数で答えましょう。**【36点】

(1) Aのバケツに入っている水の量はBのバケツに入っている水の量の何倍ですか。（全部できて18点）

(式)

答え(　　　　　　　　)

(2) Bのバケツに入っている水の量はAのバケツに入っている水の量の何倍ですか。（全部できて18点）

(式)

答え(　　　　　　　　)

スパイラルコーナー

A町の面積は11km^2で、人口は2640人です。A町の人口密度(じんこうみつど)を求めましょう。【全部できて10点】

(式)

答え　1km^2あたり(　　　　　　　　)

56 分数倍 ②

目標時間 20分

学習した日　月　日

名前

得点　／100点

1656
解説→191ページ

らくらくマルつけ

❶ Aの荷物の重さは$\frac{2}{3}$kg、Bの荷物の重さは$\frac{7}{6}$kg、Cの荷物の重さは$\frac{11}{8}$kgです。次の問いに答えましょう。 【54点】

(1) Cの荷物の重さはAの荷物の重さの何倍ですか。 (全部できて18点)

(式)

答え(　　　　　　)

(2) Bの荷物の重さはAの荷物の重さの何倍ですか。 (全部できて18点)

(式)

答え(　　　　　　)

(3) Bの荷物の重さはCの荷物の重さの何倍ですか。 (全部できて18点)

(式)

答え(　　　　　　)

❷ AのバケツにA入っている水の量は$3\frac{2}{3}$L、Bのバケツに入っている水の量は2.2Lです。次の問いに分数で答えましょう。 【36点】

(1) Aのバケツに入っている水の量はBのバケツに入っている水の量の何倍ですか。 (全部できて18点)

(式)

答え(　　　　　　)

(2) Bのバケツに入っている水の量はAのバケツに入っている水の量の何倍ですか。 (全部できて18点)

(式)

答え(　　　　　　)

スパイラルコーナー

A町の面積は11km²で、人口は2640人です。A町の人口密度(じんこうみつど)を求めましょう。 【全部できて10点】

(式)

答え　1km²あたり(　　　　　　)

分数倍 ③

学習した日　月　日

名前

得点

／100点

1657
解説→192ページ

1 次の問いに答えましょう。 1つ15点【60点】

(1) 10の$\frac{3}{4}$倍はいくつですか。

(　　　　)

(2) 4の$\frac{1}{7}$倍はいくつですか。

(　　　　)

(3) 9の$\frac{2}{3}$倍はいくつですか。

(　　　　)

(4) $\frac{5}{7}$の$\frac{14}{27}$倍はいくつですか。

(　　　　)

2 Aのテープの長さは$\frac{7}{9}$mです。次の問いに答えましょう。 【30点】

(1) BのテープのA長さはAのテープの長さの2倍です。Bのテープの長さは何mですか。 (全部できて15点)

(式)

答え(　　　　)

(2) Cのテープの長さはAのテープの長さの$\frac{4}{21}$倍です。Cのテープの長さは何mですか。 (全部できて15点)

(式)

答え(　　　　)

スパイラルコーナー

Aセットではえん筆が14本入って910円、Bセットでは同じえん筆が5本入って360円です。1本あたりの値段(ねだん)は、どちらがどれだけ安いですか。 【10点】

(　　　　)

＼もう1回チャレンジ!! ／

分数倍 ③

学習した日　月　日

名前

得点

／100点

1657
解説→192ページ

❶ 次の問いに答えましょう。 1つ15点【60点】

(1) 10の$\frac{3}{4}$倍はいくつですか。

(　　　　)

(2) 4の$\frac{1}{7}$倍はいくつですか。

(　　　　)

(3) 9の$\frac{2}{3}$倍はいくつですか。

(　　　　)

(4) $\frac{5}{7}$の$\frac{14}{27}$倍はいくつですか。

(　　　　)

❷ Aのテープの長さは$\frac{7}{9}$mです。次の問いに答えましょう。 【30点】

(1) Bのテープの長さはAのテープの長さの2倍です。Bのテープの長さは何mですか。 (全部できて15点)

(式)

答え(　　　　)

(2) Cのテープの長さはAのテープの長さの$\frac{4}{21}$倍です。Cのテープの長さは何mですか。 (全部できて15点)

(式)

答え(　　　　)

スパイラルコーナー

Aセットではえん筆が14本入って910円、Bセットでは同じえん筆が5本入って360円です。1本あたりの値段(ねだん)は、どちらがどれだけ安いですか。 【10点】

(　　　　)

58 分数倍 ④

学習した日　月　日

名前

得点　／100点

1658

解説→192ページ

❶ 次の問いに分数で答えましょう。 1つ15点【60点】

(1) 1.5の$\frac{2}{7}$倍はいくつですか。

(　　　　)

(2) $2\frac{1}{4}$の$\frac{5}{6}$倍はいくつですか。

(　　　　)

(3) 2の$1\frac{5}{6}$倍はいくつですか。

(　　　　)

(4) $1\frac{5}{6}$の$1\frac{4}{11}$倍はいくつですか。

(　　　　)

❷ Aの荷物の重さは$3\frac{3}{8}$kgです。次の問いに答えましょう。 【30点】

(1) Bの荷物の重さはAの荷物の重さの$\frac{1}{6}$倍です。Bの荷物の重さは何kgですか。 (全部できて15点)

(式)

答え(　　　　)

(2) Cの荷物の重さはAの荷物の重さの$1\frac{7}{9}$倍です。Cの荷物の重さは何kgですか。 (全部できて15点)

(式)

答え(　　　　)

スパイラルコーナー

ある電車の定員は210人で、189人の乗客がいます。定員の人数をもとにしたときの、乗客の人数の割合(わりあい)を求めましょう。【10点】

(　　　　)

＼もう１回チャレンジ!!／

58 分数倍 ④

目標時間 20分

学習した日　月　日

名前

得点　／100点

1658
解説→192ページ

❶ 次の問いに分数で答えましょう。 1つ15点【60点】

(1) 1.5の$\frac{2}{7}$倍はいくつですか。

(　　　　)

(2) $2\frac{1}{4}$の$\frac{5}{6}$倍はいくつですか。

(　　　　)

(3) 2の$1\frac{5}{6}$倍はいくつですか。

(　　　　)

(4) $1\frac{5}{6}$の$1\frac{4}{11}$倍はいくつですか。

(　　　　)

❷ Aの荷物の重さは$3\frac{3}{8}$kgです。次の問いに答えましょう。 【30点】

(1) Bの荷物の重さはAの荷物の重さの$\frac{1}{6}$倍です。Bの荷物の重さは何kgですか。 (全部できて15点)

(式)

答え(　　　　)

(2) Cの荷物の重さはAの荷物の重さの$1\frac{7}{9}$倍です。Cの荷物の重さは何kgですか。 (全部できて15点)

(式)

答え(　　　　)

スパイラルコーナー

ある電車の定員は210人で、189人の乗客がいます。定員の人数をもとにしたときの、乗客の人数の割合を求めましょう。【10点】

(　　　　)

59 分数倍 ⑤

学習した日　　月　　日

名前

得点

／100点

1659
解説→193ページ

❶ □にあてはまる数を整数か分数で答えましょう。 1つ15点【60点】

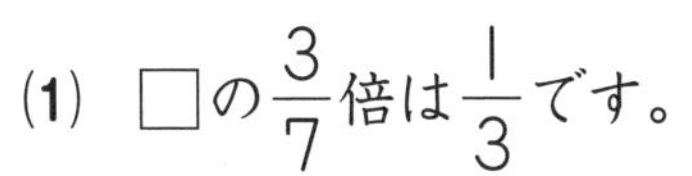

(1) □の$\frac{3}{7}$倍は$\frac{1}{3}$です。

(　　　　　)

(2) □の$\frac{9}{13}$倍は6です。

(　　　　　)

(3) □の$\frac{27}{11}$倍は1.8です。

(　　　　　)

(4) □の$\frac{5}{9}$倍は$\frac{5}{3}$です。

(　　　　　)

❷ 水は氷になると体積が大きくなります。体積が$\frac{12}{11}$倍になるとして、次の問いに答えましょう。 1つ10点【30点】

(1) 氷の体積が24mLのときのもとの水の体積は何mLですか。

(　　　　　)

(2) 氷の体積が$\frac{24}{5}$mLのときのもとの水の体積は何mLですか。

(　　　　　)

(3) 氷の体積が$\frac{3}{8}$mLのときのもとの水の体積は何mLですか。

(　　　　　)

スパイラルコーナー

ある町の行事に小学生が120人参加し、そのうち女子の数は参加した人数の0.55倍でした。参加した女子の人数は何人ですか。 【10点】

(　　　　　)

＼もう1回チャレンジ!!／

59 分数倍 ⑤

目標時間 20分

学習した日　　月　　日

名前

得点　　／100点

1659 解説→193ページ

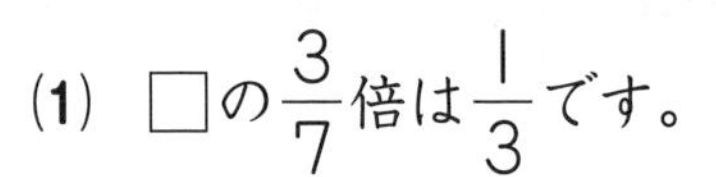

❶ □にあてはまる数を整数か分数で答えましょう。 1つ15点【60点】

(1) □の$\frac{3}{7}$倍は$\frac{1}{3}$です。

（　　　　）

(2) □の$\frac{9}{13}$倍は6です。

（　　　　）

(3) □の$\frac{27}{11}$倍は1.8です。

（　　　　）

(4) □の$\frac{5}{9}$倍は$\frac{5}{3}$です。

（　　　　）

❷ 水は氷になると体積が大きくなります。体積が$\frac{12}{11}$倍になるとして、次の問いに答えましょう。 1つ10点【30点】

(1) 氷の体積が24mLのときのもとの水の体積は何mLですか。

（　　　　）

(2) 氷の体積が$\frac{24}{5}$mLのときのもとの水の体積は何mLですか。

（　　　　）

(3) 氷の体積が$\frac{3}{8}$mLのときのもとの水の体積は何mLですか。

（　　　　）

スパイラルコーナー

ある町の行事に小学生が120人参加し、そのうち女子の数は参加した人数の0.55倍でした。参加した女子の人数は何人ですか。 【10点】

（　　　　）

分数倍 ⑥

学習した日　月　日

名前

得点

／100点

1660
解説→193ページ

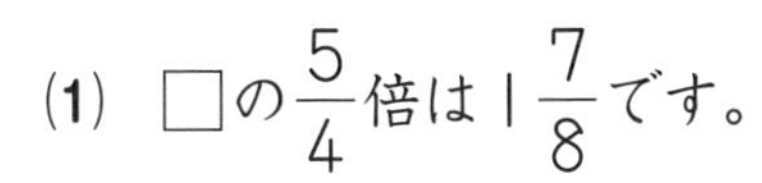

1 □にあてはまる数を答えましょう。　1つ15点【60点】

(1) □の$\frac{5}{4}$倍は$1\frac{7}{8}$です。

(　　　　)

(2) □の$4\frac{1}{3}$倍は$\frac{26}{27}$です。

(　　　　)

(3) □の$3\frac{2}{3}$倍は$2\frac{1}{16}$です。

(　　　　)

(4) □の$2\frac{2}{7}$倍は4.8です。

(　　　　)

2 次の問いに答えましょう。　1つ15点【30点】

(1) ゴムAをのばした長さは、もとの長さの$\frac{17}{3}$倍になります。のばした長さが$\frac{68}{5}$cmになるとき、もとの長さは何cmですか。

(　　　　)

(2) ゴムBをのばした長さは、もとの長さの$5\frac{1}{5}$倍になります。のばした長さが$6\frac{1}{2}$cmになるとき、もとの長さは何cmですか。

(　　　　)

ある公園の花だんは84m^2であり、これは公園全体の面積の0.35倍にあたります。公園全体の面積は何m^2ですか。　【10点】

(　　　　)

＼もう1回チャレンジ!!／

分数倍 ⑥

学習した日　　月　　日

名前

得点　　／100点

1660
解説→193ページ

らくらくマルつけ

❶ □にあてはまる数を答えましょう。 1つ15点【60点】

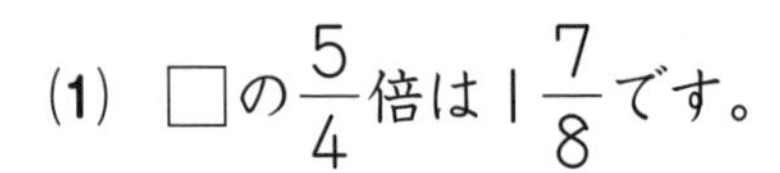

(1) □の$\frac{5}{4}$倍は$1\frac{7}{8}$です。

(　　　　)

(2) □の$4\frac{1}{3}$倍は$\frac{26}{27}$です。

(　　　　)

(3) □の$3\frac{2}{3}$倍は$2\frac{1}{16}$です。

(　　　　)

(4) □の$2\frac{2}{7}$倍は4.8です。

(　　　　)

❷ 次の問いに答えましょう。 1つ15点【30点】

(1) ゴムAをのばした長さは、もとの長さの$\frac{17}{3}$倍になります。のばした長さが$\frac{68}{5}$cmになるとき、もとの長さは何cmですか。

(　　　　)

(2) ゴムBをのばした長さは、もとの長さの$5\frac{1}{5}$倍になります。のばした長さが$6\frac{1}{2}$cmになるとき、もとの長さは何cmですか。

(　　　　)

スパイラルコーナー

ある公園の花だんは84m^2であり、これは公園全体の面積の0.35倍にあたります。公園全体の面積は何m^2ですか。 【10点】

(　　　　)

まとめのテスト⑭

学習した日　月　日

名前

得点　／100点

1661
解説→194ページ

1 Aのリボンの長さは7m、Bのリボンの長さは4.2m、Cのリボンの長さは$6\frac{2}{5}$mです。次の問いに分数で答えましょう。【56点】

(1) Cのリボンの長さはAのリボンの長さの何倍ですか。（全部できて14点）

(式)

答え(　　　　)

(2) Aのリボンの長さはBのリボンの長さの何倍ですか。（全部できて14点）

(式)

答え(　　　　)

(3) Bのリボンの長さはCのリボンの長さの何倍ですか。（全部できて14点）

(式)

答え(　　　　)

(4) CのリボンのながさはBのリボンの長さの何倍ですか。（全部できて14点）

(式)

答え(　　　　)

2 □にあてはまる数を答えましょう。　1つ14点【28点】

(1) $\frac{2}{5}$は6の□倍です。

(　　　　)

(2) $\frac{9}{14}$は$2\frac{1}{7}$の□倍です。

(　　　　)

3 まもるさんは土曜日に$\frac{11}{12}$km歩きました。次の日の日曜日には、$3\frac{1}{7}$km歩きました。日曜日に歩いた道のりは、土曜日に歩いた道のりの何倍ですか。【全部できて16点】

(式)

答え(　　　　)

＼もう１回チャレンジ!!／

61 まとめのテスト⑭

学習した日　月　日

名前

得点

／100点

1661
解説→194ページ

❶ Aのリボンの長さは7m、Bのリボンの長さは4.2m、Cのリボンの長さは$6\frac{2}{5}$mです。次の問いに分数で答えましょう。【56点】

(1) Cのリボンの長さはAのリボンの長さの何倍ですか。（全部できて14点）

（式）

答え（　　　）

(2) Aのリボンの長さはBのリボンの長さの何倍ですか。（全部できて14点）

（式）

答え（　　　）

(3) Bのリボンの長さはCのリボンの長さの何倍ですか。（全部できて14点）

（式）

答え（　　　）

(4) Cのリボンの長さはBのリボンの長さの何倍ですか。（全部できて14点）

（式）

答え（　　　）

❷ □にあてはまる数を答えましょう。1つ14点【28点】

(1) $\frac{2}{5}$は6の□倍です。

（　　　）

(2) $\frac{9}{14}$は$2\frac{1}{7}$の□倍です。

（　　　）

❸ まもるさんは土曜日に$\frac{11}{12}$km歩きました。次の日の日曜日には、$3\frac{1}{7}$km歩きました。日曜日に歩いた道のりは、土曜日に歩いた道のりの何倍ですか。【全部できて16点】

（式）

答え（　　　）

まとめのテスト⑮

学習した日　　月　　日

名前

得点

／100点

1662
解説→194ページ

1 □にあてはまる数を答えましょう。 1つ14点【56点】

(1) 4の$\frac{2}{3}$倍は□です。

(　　　　　)

(2) $\frac{2}{5}$の$1\frac{1}{3}$倍は□です。

(　　　　　)

(3) □の$\frac{7}{4}$倍は$\frac{5}{8}$です。

(　　　　　)

(4) □の$1\frac{1}{6}$倍は14です。

(　　　　　)

2 長さが$2\frac{1}{4}$mであるAのテープがあります。次の問いに答えましょう。 1つ14点【28点】

(1) Bのテープの長さはAのテープの長さの$\frac{1}{3}$倍です。Bのテープの長さは何mですか。

(　　　　　)

(2) Cのテープの長さを$1\frac{1}{5}$倍すると、Aのテープの長さになります。Cのテープの長さは何mですか。

(　　　　　)

3 ある日の動物園の入園者数は162人で、これは前日の入園者数の$1\frac{2}{7}$倍にあたります。このとき、前日の入園者数は何人でしたか。

【全部できて16点】

(式)

答え(　　　　　)

＼もう１回チャレンジ!!／

62 まとめのテスト⑮

学習した日　月　日

名前

得点　／100点

1662
解説→194ページ

❶ □にあてはまる数を答えましょう。 1つ14点【56点】

(1) 4の$\frac{2}{3}$倍は□です。

(　　　　)

(2) $\frac{2}{5}$の$1\frac{1}{3}$倍は□です。

(　　　　)

(3) □の$\frac{7}{4}$倍は$\frac{5}{8}$です。

(　　　　)

(4) □の$1\frac{1}{6}$倍は14です。

(　　　　)

❷ 長さが$2\frac{1}{4}$mであるAのテープがあります。次の問いに答えましょう。 1つ14点【28点】

(1) Bのテープの長さはAのテープの長さの$\frac{1}{3}$倍です。Bのテープの長さは何mですか。

(　　　　)

(2) Cのテープの長さを$1\frac{1}{5}$倍すると、Aのテープの長さになります。Cのテープの長さは何mですか。

(　　　　)

❸ ある日の動物園の入園者数は162人で、これは前日の入園者数の$1\frac{2}{7}$倍にあたります。このとき、前日の入園者数は何人でしたか。

【全部できて16点】

(式)

答え(　　　　)

資料の整理

学習した日　　月　　日

名前

得点

／100点

1663
解説→195ページ

1 次の計算をしましょう。　1つ9点【63点】

(1) (15＋20＋16)÷3＝

(2) (62＋64＋55＋59)÷4＝

(3) (32＋33＋39＋25＋36)÷5＝

(4) (42＋45＋28＋41＋38＋44＋42)÷7＝

(5) (117＋100＋93＋114)÷4＝

(6) (12＋17＋15＋9＋13)÷5＝

(7) (7＋8＋5＋0＋2＋5)÷6＝

2 下の(　)の中の数の平均値(へいきんち)を求めましょう。　【30点】

(1) (58、60、50、56)　(全部できて10点)

(式)

答え(　　　　)

(2) (59、67、68、41、66)　(全部できて10点)

(式)

答え(　　　　)

(3) (84、95、57、110、74、71、79、90)　(全部できて10点)

(式)

答え(　　　　)

あやさんは560mの道のりを7分間で歩きました。このとき、あやさんは分速何mで進みましたか。　【全部できて7点】

(式)

答え(　　　　)

＼もう１回チャレンジ!!／

63 資料の整理

学習した日　　月　　日

名前

得点　　／100点

1663

解説→195ページ

❶ 次の計算をしましょう。　1つ9点【63点】

(1) (15＋20＋16)÷3＝

(2) (62＋64＋55＋59)÷4＝

(3) (32＋33＋39＋25＋36)÷5＝

(4) (42＋45＋28＋41＋38＋44＋42)÷7＝

(5) (117＋100＋93＋114)÷4＝

(6) (12＋17＋15＋9＋13)÷5＝

(7) (7＋8＋5＋0＋2＋5)÷6＝

❷ 下の(　)の中の数の平均値を求めましょう。　【30点】

(1) (58、60、50、56)　(全部できて10点)

(式)

答え(　　　　)

(2) (59、67、68、41、66)　(全部できて10点)

(式)

答え(　　　　)

(3) (84、95、57、110、74、71、79、90)　(全部できて10点)

(式)

答え(　　　　)

スパイラルコーナー

あやさんは560mの道のりを7分間で歩きました。このとき、あやさんは分速何mで進みましたか。　【全部できて7点】

(式)

答え(　　　　)

円周率をふくむ式の計算①

目標時間(もくひょうじかん) 20分

学習した日　月　日

名前

得点

／100点

らくらくマルつけ

1664
解説→195ページ

1 次の式を、くふうして計算しましょう。　1つ10点【60点】

(1) $4\times3.14\times25=$

(2) $5\times3.14\times2=$

(3) $8\times3.14\times12.5=$

(4) $(5\times5\times3.14)\times4=$

(5) $5\times(2\times2\times3.14)=$

(6) $8\times(5\times3.14)\times5=$

2 次の式を、くふうして計算しましょう。　1つ10点【30点】

(1) $12\times3.14\times\frac{1}{6}=$

(2) $(2\times2\times3.14)\times\frac{1}{4}=$

(3) $(30\times30\times3.14)\times\frac{1}{9}=$

スパイラルコーナー

ある電車は140kmの道のりを2時間で進みます。この電車は3時間30分で何km進みますか。　【10点】

(　　　　　)

円周率をふくむ式の計算①

目標時間 20分

学習した日　月　日

名前

得点　／100点

1664 解説→195ページ

❶ 次の式を、くふうして計算しましょう。 1つ10点【60点】

(1) $4\times3.14\times25=$

(2) $5\times3.14\times2=$

(3) $8\times3.14\times12.5=$

(4) $(5\times5\times3.14)\times4=$

(5) $5\times(2\times2\times3.14)=$

(6) $8\times(5\times3.14)\times5=$

❷ 次の式を、くふうして計算しましょう。 1つ10点【30点】

(1) $12\times3.14\times\frac{1}{6}=$

(2) $(2\times2\times3.14)\times\frac{1}{4}=$

(3) $(30\times30\times3.14)\times\frac{1}{9}=$

スパイラルコーナー

ある電車は140kmの道のりを2時間で進みます。この電車は3時間30分で何km進みますか。 【10点】

(　　　　　)

円周率をふくむ式の計算②

学習した日　　月　　日

名前

得点

／100点

1665
解説→195ページ

❶ 次の式を、くふうして計算しましょう。 1つ12点【60点】

(1) $2\times3.14+8\times3.14=$

(2) $18\times3.14+82\times3.14=$

(3) $16\times3.14-6\times3.14=$

(4) $155\times3.14+45\times3.14=$

(5) $36\times3.14-16\times3.14=$

❷ 次の式を、くふうして計算しましょう。 1つ10点【30点】

(1) $(2\times2\times3.14)+(4\times4\times3.14)=$

(2) $(5\times5\times3.14)+(5\times5\times3.14)-$

(3) $(7\times7\times3.14)-(3\times3\times3.14)=$

スパイラルコーナー

あるチーターの走る速さは秒速25mだそうです。このチーターは時速何kmで走りますか。【10点】

(　　　　　　　　)

＼もう1回チャレンジ!! ／

円周率をふくむ式の計算②

学習した日　　月　　日

名前

得点

／100点

1665
解説→195ページ

❶ 次の式を、くふうして計算しましょう。 1つ12点【60点】

(1) $2\times3.14+8\times3.14=$

(2) $18\times3.14+82\times3.14=$

(3) $16\times3.14-6\times3.14=$

(4) $155\times3.14+45\times3.14=$

(5) $36\times3.14-16\times3.14=$

❷ 次の式を、くふうして計算しましょう。 1つ10点【30点】

(1) $(2\times2\times3.14)+(4\times4\times3.14)=$

(2) $(5\times5\times3.14)+(5\times5\times3.14)=$

(3) $(7\times7\times3.14)-(3\times3\times3.14)=$

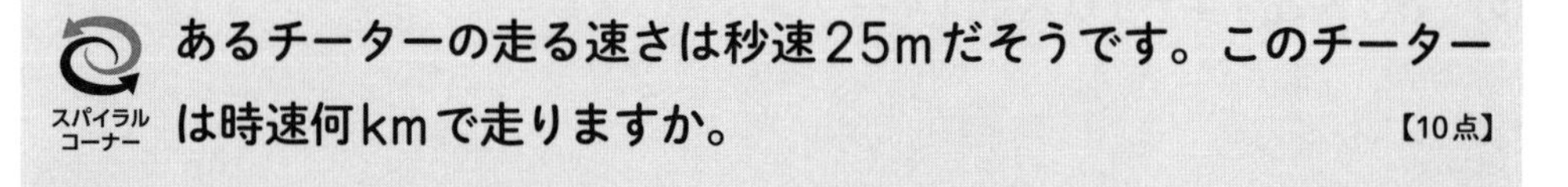

スパイラルコーナー

あるチーターの走る速さは秒速25mだそうです。このチーターは時速何kmで走りますか。【10点】

（　　　　　）

体積の単位

学習した日　　月　　日

名前

得点

／100点

1666
解説→196ページ

❶ □にあてはまる数を答えましょう。　1つ11点【55点】

(1) $3m^3$＝□cm^3

(　　　　)

(2) 5L＝□cm^3

(　　　　)

(3) 120mL＝□cm^3

(　　　　)

(4) $400cm^3$＝□L

(　　　　)

(5) 6kL＝□L

(　　　　)

❷ 縦(たて)の長さが20cm、横の長さが60cm、高さが25cmの直方体があります。　1つ11点【33点】

(1) この直方体の体積は何cm^3ですか。

(　　　　)

(2) この直方体の体積は何Lですか。

(　　　　)

(3) この直方体の体積は何m^3ですか。

(　　　　)

スパイラルコーナー

次の計算をしましょう。　1つ6点【12点】

(1) $\frac{1}{6} \div \frac{2}{5} =$

(2) $\frac{11}{5} \div \frac{7}{3} =$

体積の単位

学習した日　　月　　日

名前

得点

／100点

らくらくマルつけ

1666
解説→196ページ

❶ □にあてはまる数を答えましょう。 1つ11点【55点】

(1) 3m^3＝□cm^3

(　　　　　)

(2) 5L＝□cm^3

(　　　　　)

(3) 120mL＝□cm^3

(　　　　　)

(4) 400cm^3＝□L

(　　　　　)

(5) 6kL＝□L

(　　　　　)

❷ 縦(たて)の長さが20cm、横の長さが60cm、高さが25cmの直方体があります。 1つ11点【33点】

(1) この直方体の体積は何cm^3ですか。

(　　　　　)

(2) この直方体の体積は何Lですか。

(　　　　　)

(3) この直方体の体積は何m^3ですか。

(　　　　　)

スパイラルコーナー

次の計算をしましょう。 1つ6点【12点】

(1) $\dfrac{1}{6} \div \dfrac{2}{5} =$

(2) $\dfrac{11}{5} \div \dfrac{7}{3} =$

まとめのテスト⑯

学習した日　月　日
名前
得点　／100点

解説→196ページ

1 次の（　）の中の数の平均値(へいきんち)を求めましょう。 【20点】

(1) （37、43、34） （全部できて10点）

（式）

答え（　　　　）

(2) （43、32、41、50） （全部できて10点）

（式）

答え（　　　　）

2 次の式を、くふうして計算しましょう。 1つ8点【32点】

(1) （5×5×3.14）×8＝

(2) 7×3.14＋3×3.14＝

(3) （6×6×3.14）−（4×4×3.14）＝

(4) （9×9×3.14）＋（3×3×3.14）＝

3 □にあてはまる数を答えましょう。 1つ8点【24点】

(1) 11m^3＝□cm^3

（　　　　）

(2) 2km^3＝□m^3

（　　　　）

(3) 450L＝□kL

（　　　　）

4 底面積が1250cm^2、高さが40cmの三角柱があります。 1つ8点【24点】

(1) この三角柱の体積は何cm^{3}ですか。

（　　　　）

(2) この三角柱の体積は何Lですか。

（　　　　）

(3) この三角柱の体積は何m^{3}ですか。

（　　　　）

＼もう1回チャレンジ!!／

67 まとめのテスト⑯

目標時間 20分

学習した日　月　日

名前

得点　／100点

1667 解説→196ページ

❶ 次の(　)の中の数の平均値を求めましょう。【20点】

(1) (37、43、34)　(全部できて10点)

(式)

答え(　　　)

(2) (43、32、41、50)　(全部できて10点)

(式)

答え(　　　)

❷ 次の式を、くふうして計算しましょう。 1つ8点【32点】

(1) (5×5×3.14)×8＝

(2) 7×3.14＋3×3.14＝

(3) (6×6×3.14)－(4×4×3.14)＝

(4) (9×9×3.14)＋(3×3×3.14)＝

❸ □にあてはまる数を答えましょう。 1つ8点【24点】

(1) 11 m^3＝□ cm^3

(　　　)

(2) 2 km^3＝□ m^3

(　　　)

(3) 450L＝□kL

(　　　)

❹ 底面積が1250 cm^2、高さが40cmの三角柱があります。 1つ8点【24点】

(1) この三角柱の体積は何 cm^3 ですか。

(　　　)

(2) この三角柱の体積は何Lですか。

(　　　)

(3) この三角柱の体積は何 m^3 ですか。

(　　　)

68 パズル③

✎学習した日　　月　　日

名前

得点

／100点

1668
解説→196ページ

1 次の□にあてはまる数を求めましょう。　1つ12点【48点】

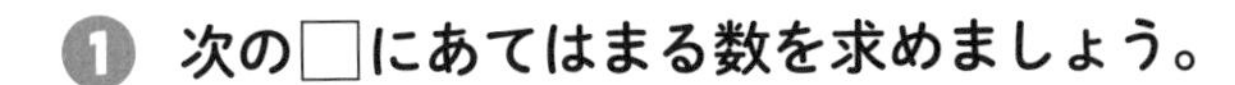

(1)

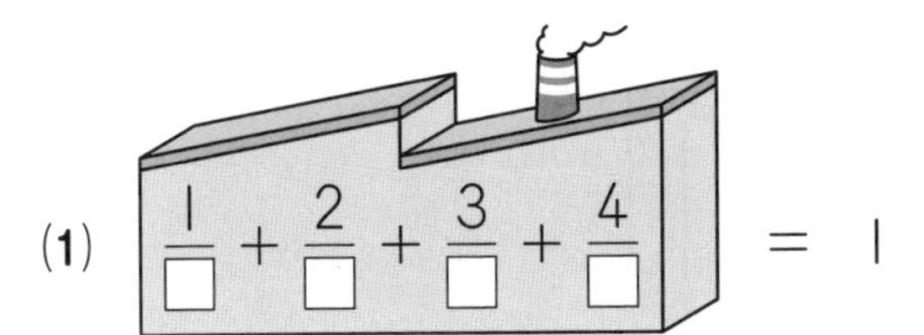

$\frac{1}{\square}+\frac{2}{\square}+\frac{3}{\square}+\frac{4}{\square}=1$

(　　　)

(2)

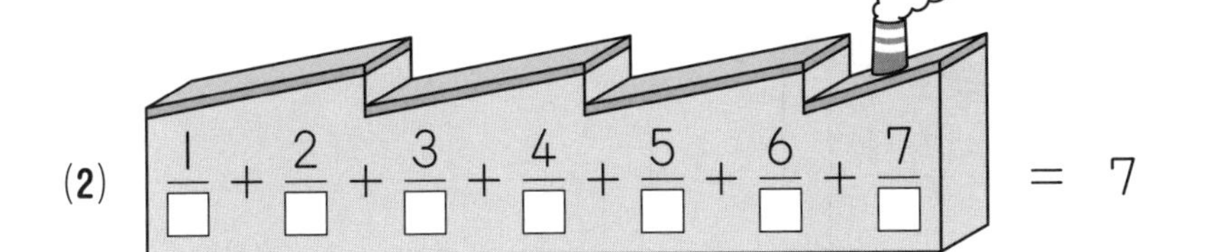

$\frac{1}{\square}+\frac{2}{\square}+\frac{3}{\square}+\frac{4}{\square}+\frac{5}{\square}+\frac{6}{\square}+\frac{7}{\square}=7$

(　　　)

(3)

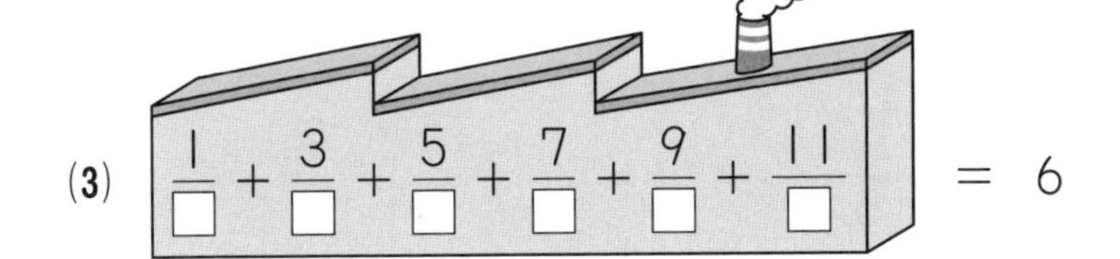

$\frac{1}{\square}+\frac{3}{\square}+\frac{5}{\square}+\frac{7}{\square}+\frac{9}{\square}+\frac{11}{\square}=6$

(　　　)

(4) $\frac{2}{\square}+\frac{4}{\square}+\frac{6}{\square}+\frac{8}{\square}=4$

(　　　)

2 次の□にあてはまる数を求めましょう。　1つ13点【52点】

(1)

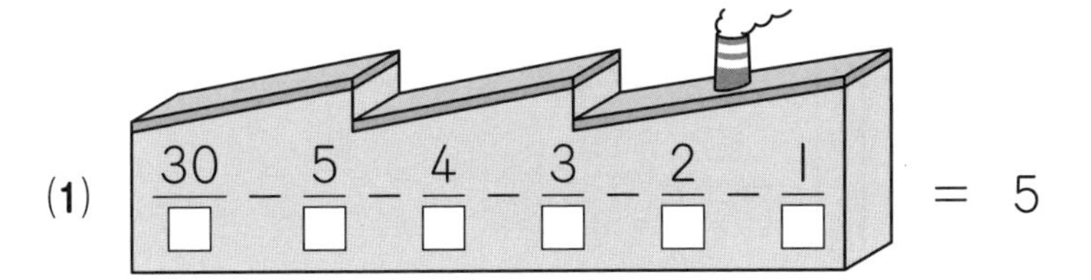

$\frac{30}{\square}-\frac{5}{\square}-\frac{4}{\square}-\frac{3}{\square}-\frac{2}{\square}-\frac{1}{\square}=5$

(　　　)

(2) $\frac{11}{\square}-\frac{5}{\square}-\frac{3}{\square}-\frac{1}{\square}=1$

(　　　)

(3)

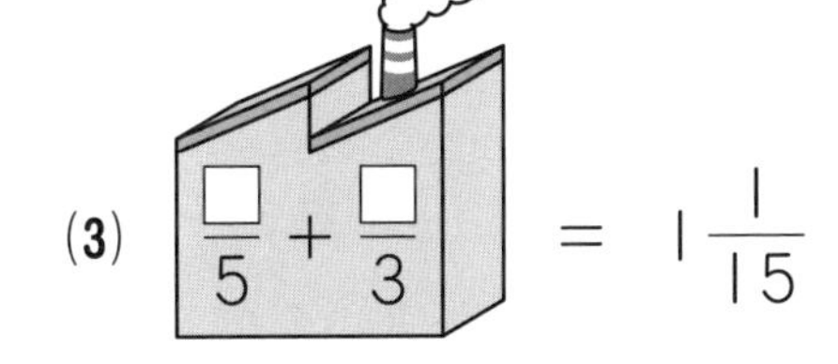

$\frac{\square}{5}+\frac{\square}{3}=1\frac{1}{15}$

(　　　)

(4) $\frac{\square}{12}+\frac{\square}{8}=\frac{35}{24}$

(　　　)

パズル③

学習した日　　月　　日

名前

得点

／100点

1668
解説→196ページ

❶ 次の□にあてはまる数を求めましょう。 1つ12点【48点】

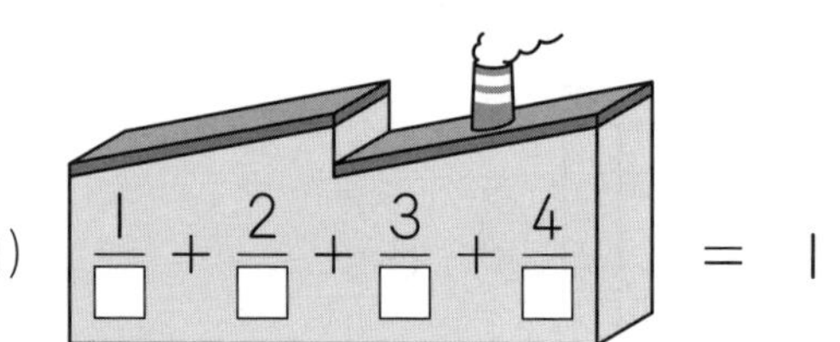

(1) $\frac{1}{\square}+\frac{2}{\square}+\frac{3}{\square}+\frac{4}{\square}=1$

(　　　)

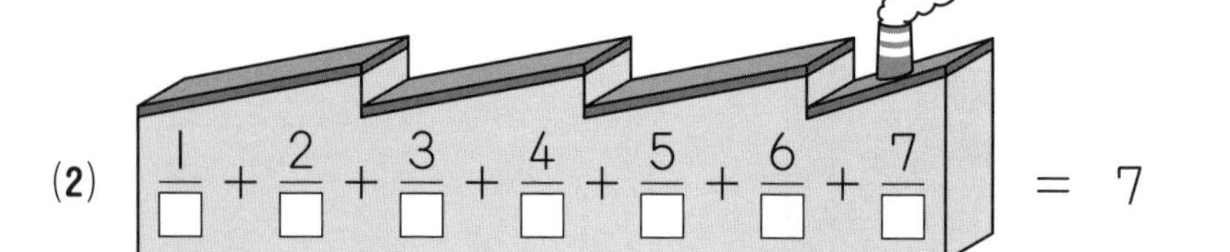

(2) $\frac{1}{\square}+\frac{2}{\square}+\frac{3}{\square}+\frac{4}{\square}+\frac{5}{\square}+\frac{6}{\square}+\frac{7}{\square}=7$

(　　　)

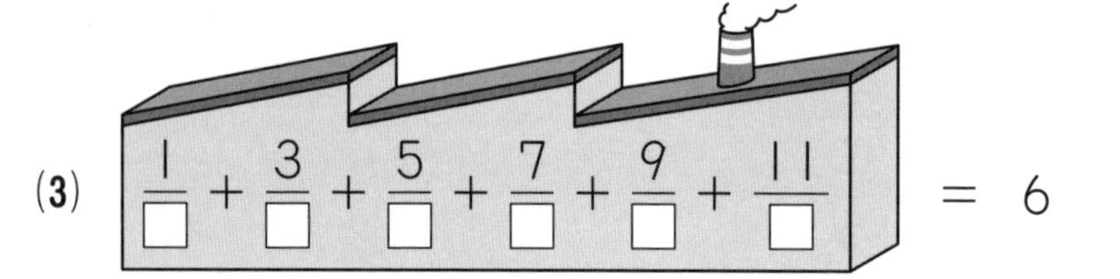

(3) $\frac{1}{\square}+\frac{3}{\square}+\frac{5}{\square}+\frac{7}{\square}+\frac{9}{\square}+\frac{11}{\square}=6$

(　　　)

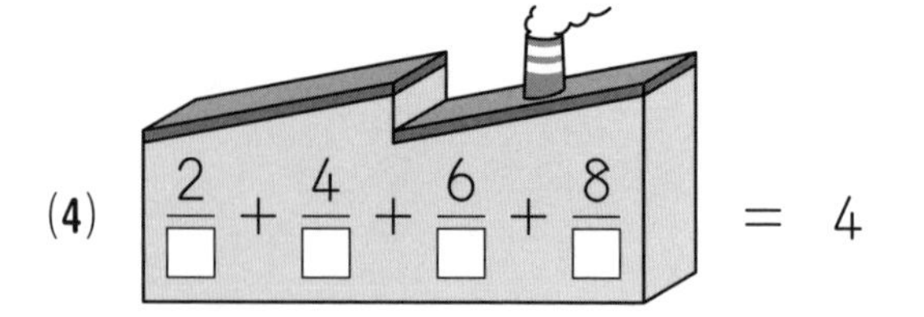

(4) $\frac{2}{\square}+\frac{4}{\square}+\frac{6}{\square}+\frac{8}{\square}=4$

(　　　)

❷ 次の□にあてはまる数を求めましょう。 1つ13点【52点】

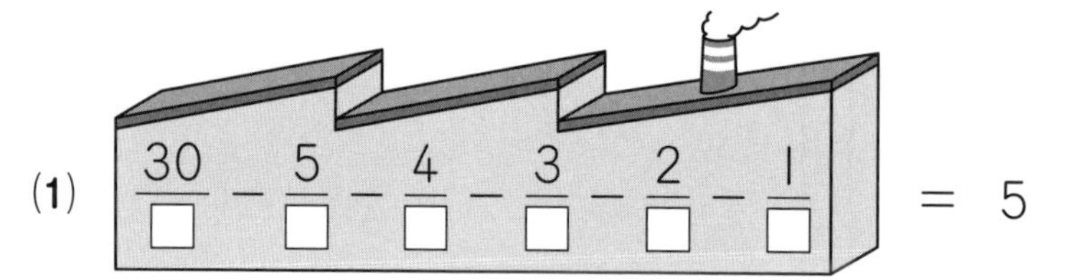

(1) $\frac{30}{\square}-\frac{5}{\square}-\frac{4}{\square}-\frac{3}{\square}-\frac{2}{\square}-\frac{1}{\square}=5$

(　　　)

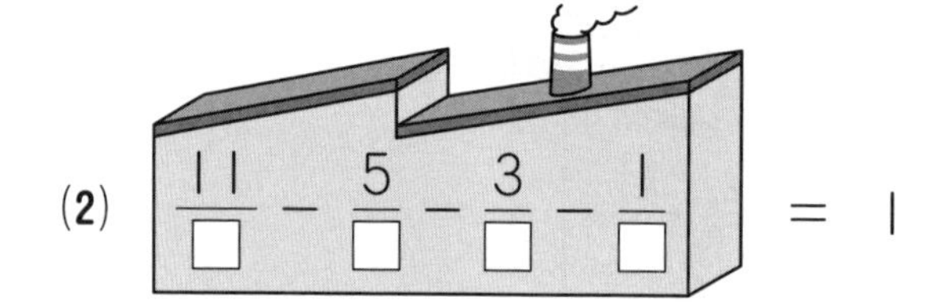

(2) $\frac{11}{\square}-\frac{5}{\square}-\frac{3}{\square}-\frac{1}{\square}=1$

(　　　)

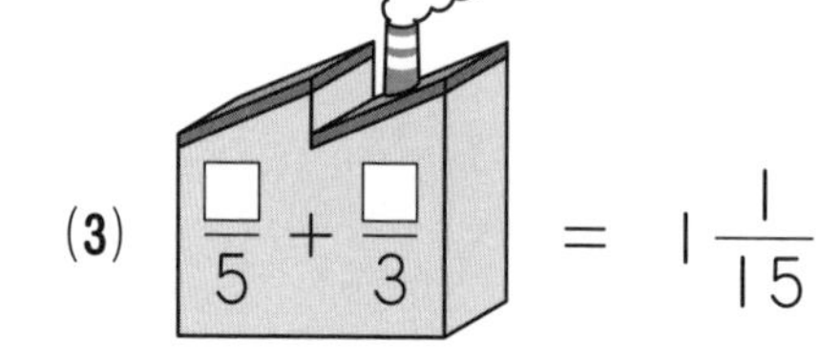

(3) $\frac{\square}{5}+\frac{\square}{3}=1\frac{1}{15}$

(　　　)

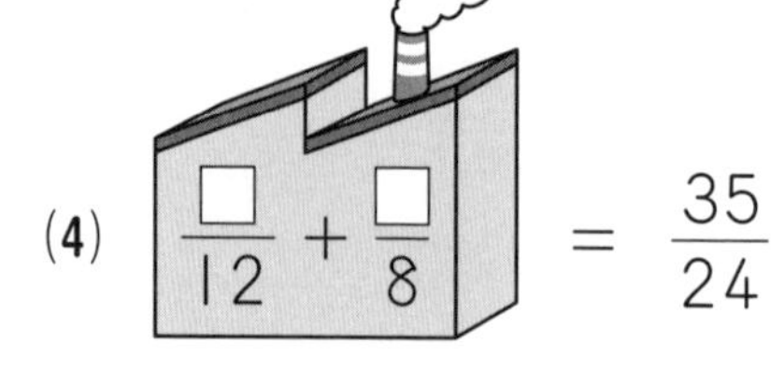

(4) $\frac{\square}{12}+\frac{\square}{8}=\frac{35}{24}$

(　　　)

比の計算 ①

学習した日　　月　　日

名前

得点

／100点

1669
解説→197ページ

1 次の比の値を答えましょう。　1つ7点【56点】

(1) 3：10　(　　　)

(2) 7：9　(　　　)

(3) 5：12　(　　　)

(4) 4：11　(　　　)

(5) 6：5　(　　　)

(6) 7：2　(　　　)

(7) 8：5　(　　　)

(8) 13：7　(　　　)

2 次の比の値を答えましょう。　1つ6点【36点】

(1) 1：8　(　　　)

(2) 1：11　(　　　)

(3) 1：45　(　　　)

(4) 6：1　(　　　)

(5) 8：1　(　　　)

(6) 21：1　(　　　)

スパイラルコーナー

次の計算をしましょう。　1つ4点【8点】

(1) $3 \div \frac{11}{2} =$

(2) $4 \div \frac{7}{4} =$

＼もう１回チャレンジ!!／

比の計算①

学習した日　　月　　日

名前

得点

／100点

❶ 次の比の値を答えましょう。 1つ7点【56点】

(1) 3：10　（　　　）

(2) 7：9　（　　　）

(3) 5：12　（　　　）

(4) 4：11　（　　　）

(5) 6：5　（　　　）

(6) 7：2　（　　　）

(7) 8：5　（　　　）

(8) 13：7　（　　　）

❷ 次の比の値を答えましょう。 1つ6点【36点】

(1) 1：8　（　　　）

(2) 1：11　（　　　）

(3) 1：45　（　　　）

(4) 6：1　（　　　）

(5) 8：1　（　　　）

(6) 21：1　（　　　）

スパイラルコーナー

次の計算をしましょう。 1つ4点【8点】

(1) $3 \div \frac{11}{2} =$

(2) $4 \div \frac{7}{4} =$

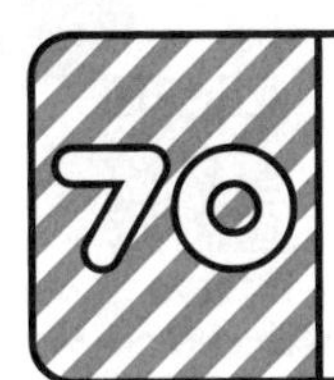

比の計算 ②

学習した日　　月　　日

名前

得点

／100点

1670
解説→197ページ

1 次の比の値を答えましょう。　1つ7点【56点】

(1) 14：21　（　　　）

(2) 15：20　（　　　）

(3) 10：12　（　　　）

(4) 6：27　（　　　）

(5) 12：8　（　　　）

(6) 22：4　（　　　）

(7) 45：25　（　　　）

(8) 64：56　（　　　）

2 次の比の値を答えましょう。　1つ6点【36点】

(1) 4：16　（　　　）

(2) 3：18　（　　　）

(3) 30：10　（　　　）

(4) 54：27　（　　　）

(5) 16：72　（　　　）

(6) 45：75　（　　　）

スパイラルコーナー

次の計算をしましょう。　1つ4点【8点】

(1) $\frac{5}{6} \div \frac{15}{16} =$

(2) $\frac{9}{20} \div \frac{3}{8} =$

70 比の計算②

学習した日　月　日

名前

得点　／100点

解説→197ページ

❶ 次の比の値を答えましょう。 1つ7点【56点】

(1) 14：21　（　　）

(2) 15：20　（　　）

(3) 10：12　（　　）

(4) 6：27　（　　）

(5) 12：8　（　　）

(6) 22：4　（　　）

(7) 45：25　（　　）

(8) 64：56　（　　）

❷ 次の比の値を答えましょう。 1つ6点【36点】

(1) 4：16　（　　）

(2) 3：18　（　　）

(3) 30：10　（　　）

(4) 54：27　（　　）

(5) 16：72　（　　）

(6) 45：75　（　　）

スパイラルコーナー

次の計算をしましょう。 1つ4点【8点】

(1) $\frac{5}{6} \div \frac{15}{16} =$

(2) $\frac{9}{20} \div \frac{3}{8} =$

比の計算 ③

学習した日　　月　　日

名前

得点

／100点

1671
解説→198ページ

1 次の比を簡単にしましょう。　1つ7点【56点】

(1) 4：8　(　　)

(2) 22：14　(　　)

(3) 60：50　(　　)

(4) 18：27　(　　)

(5) 22：55　(　　)

(6) 52：72　(　　)

(7) 30：12　(　　)

(8) 16：44　(　　)

2 次の比を簡単にしましょう。　1つ6点【36点】

(1) 8：24　(　　)

(2) 30：20　(　　)

(3) 15：18　(　　)

(4) 36：18　(　　)

(5) 34：38　(　　)

(6) 27：39　(　　)

スパイラルコーナー

次の計算をしましょう。　1つ4点【8点】

(1) $27 \div \frac{9}{11} =$

(2) $20 \div \frac{15}{2} =$

＼もう1回チャレンジ!!／

比の計算③

学習した日　月　日

名前

得点　／100点

1671
解説→198ページ

❶ 次の比を簡単にしましょう。 1つ7点【56点】

(1) 4:8　(　　　)

(2) 22:14　(　　　)

(3) 60:50　(　　　)

(4) 18:27　(　　　)

(5) 22:55　(　　　)

(6) 52:72　(　　　)

(7) 30:12　(　　　)

(8) 16:44　(　　　)

❷ 次の比を簡単にしましょう。 1つ6点【36点】

(1) 8:24　(　　　)

(2) 30:20　(　　　)

(3) 15:18　(　　　)

(4) 36:18　(　　　)

(5) 34:38　(　　　)

(6) 27:39　(　　　)

スパイラルコーナー

次の計算をしましょう。 1つ4点【8点】

(1) $27 \div \frac{9}{11} =$

(2) $20 \div \frac{15}{2} =$

比の計算④

学習した日　月　日

名前

得点

／100点

1672
解説→198ページ

❶ 次の比を簡単(かんたん)にしましょう。　1つ7点【56点】

(1) 10：50　(　　　)

(2) 40：60　(　　　)

(3) 120：150　(　　　)

(4) 150：350　(　　　)

(5) 400：200　(　　　)

(6) 1000：600　(　　　)

(7) 2700：600　(　　　)

(8) 4800：3000　(　　　)

❷ 次の比を簡単にしましょう。　1つ6点【36点】

(1) 80：35　(　　　)

(2) 64：120　(　　　)

(3) 78：96　(　　　)

(4) 152：88　(　　　)

(5) 99：121　(　　　)

(6) 69：46　(　　　)

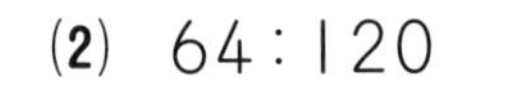

スパイラルコーナー

次の計算をしましょう。　1つ4点【8点】

(1) $1\frac{2}{3} \times 1\frac{1}{3} =$

(2) $1\frac{1}{5} \times 1\frac{2}{9} =$

比の計算④

学習した日　月　日

名前

得点

／100点

解説→198ページ

1 次の比を簡単にしましょう。　1つ7点【56点】

(1) 10:50　(　　)

(2) 40:60　(　　)

(3) 120:150　(　　)

(4) 150:350　(　　)

(5) 400:200　(　　)

(6) 1000:600　(　　)

(7) 2700:600　(　　)

(8) 4800:3000　(　　)

2 次の比を簡単にしましょう。　1つ6点【36点】

(1) 80:35　(　　)

(2) 64:120　(　　)

(3) 78:96　(　　)

(4) 152:88　(　　)

(5) 99:121　(　　)

(6) 69:46　(　　)

スパイラルコーナー　次の計算をしましょう。　1つ4点【8点】

(1) $1\frac{2}{3} \times 1\frac{1}{3} =$

(2) $1\frac{1}{5} \times 1\frac{2}{9} =$

比の計算⑤

学習した日　　月　　日

名前

得点

／100点

1673
解説→198ページ

1 次の比を簡単にしましょう。　1つ7点【56点】

(1) 3:4.5　(　　　)

(2) 5:2.5　(　　　)

(3) 4:1.5　(　　　)

(4) 3:3.6　(　　　)

(5) 21:3.5　(　　　)

(6) 4.8:2　(　　　)

(7) 7:4.5　(　　　)

(8) 1.8:4.2　(　　　)

2 次の比を簡単にしましょう。　1つ6点【36点】

(1) 0.2:0.6　(　　　)

(2) 3.2:4　(　　　)

(3) 0.7:0.8　(　　　)

(4) 3.3:1.2　(　　　)

(5) 5.2:3.6　(　　　)

(6) 6:6.4　(　　　)

スパイラルコーナー

次の計算をしましょう。　1つ4点【8点】

(1) $1\frac{1}{6} \div 4\frac{2}{3} =$

(2) $3\frac{2}{3} \div 4\frac{2}{5} =$

\ もう1回チャレンジ!! /

比の計算 ⑤

目標時間 20分

学習した日　　月　　日

名前

得点　　／100点

1673
解説→198ページ

1 次の比を簡単にしましょう。　1つ7点【56点】

(1) 3：4.5　(　　　)

(2) 5：2.5　(　　　)

(3) 4：1.5　(　　　)

(4) 3：3.6　(　　　)

(5) 21：3.5　(　　　)

(6) 4.8：2　(　　　)

(7) 7：4.5　(　　　)

(8) 1.8：4.2　(　　　)

2 次の比を簡単にしましょう。　1つ6点【36点】

(1) 0.2：0.6　(　　　)

(2) 3.2：4　(　　　)

(3) 0.7：0.8　(　　　)

(4) 3.3：1.2　(　　　)

(5) 5.2：3.6　(　　　)

(6) 6：6.4　(　　　)

スパイラルコーナー

次の計算をしましょう。　1つ4点【8点】

(1) $1\frac{1}{6} \div 4\frac{2}{3} =$

(2) $3\frac{2}{3} \div 4\frac{2}{5} =$

74 比の計算 ⑥

学習した日　月　日

名前

得点

／100点

1674
解説→199ページ

1 次の比を簡単(かんたん)にしましょう。　1つ7点【56点】

(1) $\frac{1}{5}:1$　(　　)

(2) $\frac{1}{2}:2$　(　　)

(3) $3:\frac{1}{3}$　(　　)

(4) $\frac{1}{2}:\frac{1}{3}$　(　　)

(5) $\frac{1}{2}:\frac{1}{6}$　(　　)

(6) $\frac{3}{4}:\frac{5}{8}$　(　　)

(7) $\frac{1}{8}:\frac{1}{12}$　(　　)

(8) $\frac{1}{2}:\frac{3}{14}$　(　　)

2 次の比を簡単にしましょう。　1つ6点【36点】

(1) $\frac{1}{7}:\frac{1}{6}$　(　　)

(2) $2:\frac{9}{4}$　(　　)

(3) $\frac{7}{4}:\frac{4}{3}$　(　　)

(4) $2:\frac{3}{5}$　(　　)

(5) $\frac{1}{15}:\frac{1}{20}$　(　　)

(6) $\frac{9}{2}:\frac{12}{5}$　(　　)

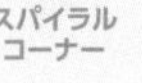
スパイラルコーナー

次の小数を分数で表しましょう。　1つ4点【8点】

(1) 5.5　(　　)

(2) 0.25　(　　)

74 比の計算⑥

学習した日　　月　　日

名前

得点

／100点

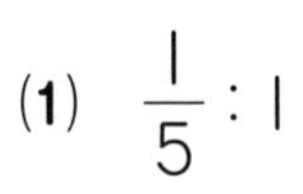

1 次の比を簡単にしましょう。　1つ7点【56点】

(1) $\frac{1}{5}:1$　(　　　)

(2) $\frac{1}{2}:2$　(　　　)

(3) $3:\frac{1}{3}$　(　　　)

(4) $\frac{1}{2}:\frac{1}{3}$　(　　　)

(5) $\frac{1}{2}:\frac{1}{6}$　(　　　)

(6) $\frac{3}{4}:\frac{5}{8}$　(　　　)

(7) $\frac{1}{8}:\frac{1}{12}$　(　　　)

(8) $\frac{1}{2}:\frac{3}{14}$　(　　　)

2 次の比を簡単にしましょう。　1つ6点【36点】

(1) $\frac{1}{7}:\frac{1}{6}$　(　　　)

(2) $2:\frac{9}{4}$　(　　　)

(3) $\frac{7}{4}:\frac{4}{3}$　(　　　)

(4) $2:\frac{3}{5}$　(　　　)

(5) $\frac{1}{15}:\frac{1}{20}$　(　　　)

(6) $\frac{9}{2}:\frac{12}{5}$　(　　　)

スパイラルコーナー　次の小数を分数で表しましょう。　1つ4点【8点】

(1) 5.5　(　　　)

(2) 0.25　(　　　)

まとめのテスト⑰

学習した日　　月　　日

名前

得点

／100点

1675
解説→199ページ

❶ 次の比の値（あたい）を答えましょう。　1つ6点【24点】

(1) 8：15　（　　　）

(2) 6：2　（　　　）

(3) 13：4　（　　　）

(4) 6：18　（　　　）

(5) 7：2.1　（　　　）

(6) 2.8：6.3　（　　　）

(7) $\frac{5}{3}$：1　（　　　）

(8) $\frac{2}{3}$：$\frac{1}{2}$　（　　　）

❷ 次の比を簡単（かんたん）にしましょう。　1つ8点【64点】

(1) 28：21　（　　　）

(2) 63：56　（　　　）

(3) 40：100　（　　　）

(4) 900：2100　（　　　）

❸ コーヒーと牛乳（ぎゅうにゅう）を600mLと1000mLの割合（わりあい）で混ぜてコーヒー牛乳を作ります。コーヒーと牛乳のかさの比を、簡単な整数の比で表しましょう。　【12点】

（　　　）

75 まとめのテスト⑰

学習した日　月　日

名前

得点　／100点

1675
解説→199ページ

❶ 次の比の値を答えましょう。　1つ6点【24点】

(1) 8：15　(　　　)

(2) 6：2　(　　　)

(3) 13：4　(　　　)

(4) 6：18　(　　　)

(5) 7：2.1　(　　　)

(6) 2.8：6.3　(　　　)

(7) $\frac{5}{3}$：1　(　　　)

(8) $\frac{2}{3}$：$\frac{1}{2}$　(　　　)

❷ 次の比を簡単にしましょう。　1つ8点【64点】

(1) 28：21　(　　　)

(2) 63：56　(　　　)

(3) 40：100　(　　　)

(4) 900：2100　(　　　)

❸ コーヒーと牛乳を600mLと1000mLの割合で混ぜてコーヒー牛乳を作ります。コーヒーと牛乳のかさの比を、簡単な整数の比で表しましょう。　【12点】

(　　　)

比の計算 ⑦

学習した日　　月　　日

名前

得点

／100点

1676
解説→199ページ

1 xにあてはまる数を答えましょう。　1つ7点【56点】

(1) $2:5=x:15$　(　　　)

(2) $3:4=6:x$　(　　　)

(3) $4:3=x:9$　(　　　)

(4) $5:4=25:x$　(　　　)

(5) $2:6=6:x$　(　　　)

(6) $8:5=64:x$　(　　　)

(7) $11:8=77:x$　(　　　)

(8) $12:7=x:42$　(　　　)

2 xにあてはまる数を答えましょう。　1つ6点【36点】

(1) $12:3=x:9$　(　　　)

(2) $5:15=x:30$　(　　　)

(3) $4:10=12:x$　(　　　)

(4) $6:4=x:24$　(　　　)

(5) $14:10=56:x$　(　　　)

(6) $12:27=48:x$　(　　　)

スパイラルコーナー

次の計算をしましょう。　【8点】

$\frac{3}{8}\div0.6\div4\frac{1}{2}=$

＼もう1回チャレンジ!! ／

比の計算 ⑦

目標時間 20分

学習した日　　月　　日

名前

得点　　／100点

1676
解説→199ページ

1 xにあてはまる数を答えましょう。　1つ7点【56点】

(1) $2:5=x:15$　（　　　）

(2) $3:4=6:x$　（　　　）

(3) $4:3=x:9$　（　　　）

(4) $5:4=25:x$　（　　　）

(5) $2:6=6:x$　（　　　）

(6) $8:5=64:x$　（　　　）

(7) $11:8=77:x$　（　　　）

(8) $12:7=x:42$　（　　　）

2 xにあてはまる数を答えましょう。　1つ6点【36点】

(1) $12:3=x:9$　（　　　）

(2) $5:15=x:30$　（　　　）

(3) $4:10=12:x$　（　　　）

(4) $6:4=x:24$　（　　　）

(5) $14:10=56:x$　（　　　）

(6) $12:27=48:x$　（　　　）

スパイラルコーナー

次の計算をしましょう。　【8点】

$\frac{3}{8}\div0.6\div4\frac{1}{2}=$

比の計算⑧

学習した日　　月　　日

名前

得点

／100点

1677
解説→199ページ

1 xにあてはまる数を答えましょう。　1つ7点【56点】

(1) $18:15=x:5$

(　　)

(2) $27:12=9:x$

(　　)

(3) $10:15=x:3$

(　　)

(4) $64:8=8:x$

(　　)

(5) $40:32=x:4$

(　　)

(6) $14:42=2:x$

(　　)

(7) $16:12=x:6$

(　　)

(8) $81:63=x:7$

(　　)

2 xにあてはまる数を答えましょう。　1つ6点【36点】

(1) $52:26=4:x$

(　　)

(2) $18:24=x:12$

(　　)

(3) $18:45=6:x$

(　　)

(4) $36:66=12:x$

(　　)

(5) $68:36=17:x$

(　　)

(6) $65:75=x:15$

(　　)

スパイラルコーナー

$1\frac{7}{8}$mのテープを$\frac{2}{3}$倍した長さは何mですか。　【8点】

(　　)

比の計算 ⑧

学習した日　　月　　日

名前

得点　　／100点

1677
解説→199ページ

1 xにあてはまる数を答えましょう。　1つ7点【56点】

(1) $18:15=x:5$　（　　）

(2) $27:12=9:x$　（　　）

(3) $10:15=x:3$　（　　）

(4) $64:8=8:x$　（　　）

(5) $40:32=x:4$　（　　）

(6) $14:42=2:x$　（　　）

(7) $16:12=x:6$　（　　）

(8) $81:63=x:7$　（　　）

2 xにあてはまる数を答えましょう。　1つ6点【36点】

(1) $52:26=4:x$　（　　）

(2) $18:24=x:12$　（　　）

(3) $18:45=6:x$　（　　）

(4) $36:66=12:x$　（　　）

(5) $68:36=17:x$　（　　）

(6) $65:75=x:15$　（　　）

スパイラルコーナー

$1\frac{7}{8}$mのテープを$\frac{2}{3}$倍した長さは何mですか。　【8点】

（　　）

比の計算 ⑨

学習した日　　月　　日

名前

得点　　／100点

らくらくマルつけ

1678
解説→200ページ

❶ 60cmのテープを2つに分けます。次の問いに答えましょう。

1つ12点【48点】

(1) 2:1に分けたときの長いほうのテープの長さを答えましょう。

(　　　　　)

(2) 2:1に分けたときの短いほうのテープの長さを答えましょう。

(　　　　　)

(3) 7:5に分けたときの長いほうのテープの長さを答えましょう。

(　　　　　)

(4) 7:5に分けたときの短いほうのテープの長さを答えましょう。

(　　　　　)

❷ 96cmのテープを2つに分けます。次の問いに答えましょう。

1つ12点【48点】

(1) 11:5に分けたときの長いほうのテープの長さを答えましょう。

(　　　　　)

(2) 11:5に分けたときの短いほうのテープの長さを答えましょう。

(　　　　　)

(3) 11:9に分けたときの長いほうのテープの長さを答えましょう。

(　　　　　)

(4) 11:9に分けたときの短いほうのテープの長さを答えましょう。

(　　　　　)

スパイラルコーナー

次の式を、くふうして計算しましょう。　【4点】

$49\times3.14-29\times3.14=$

＼もう１回チャレンジ!!／

78 比の計算⑨

学習した日　月　日

名前

得点　／100点

1678
解説→200ページ

❶ 60cmのテープを２つに分けます。次の問いに答えましょう。

1つ12点【48点】

(1) 2：1に分けたときの長いほうのテープの長さを答えましょう。

（　　　　）

(2) 2：1に分けたときの短いほうのテープの長さを答えましょう。

（　　　　）

(3) 7：5に分けたときの長いほうのテープの長さを答えましょう。

（　　　　）

(4) 7：5に分けたときの短いほうのテープの長さを答えましょう。

（　　　　）

❷ 96cmのテープを２つに分けます。次の問いに答えましょう。

1つ12点【48点】

(1) 11：5に分けたときの長いほうのテープの長さを答えましょう。

（　　　　）

(2) 11：5に分けたときの短いほうのテープの長さを答えましょう。

（　　　　）

(3) 11：9に分けたときの長いほうのテープの長さを答えましょう。

（　　　　）

(4) 11：9に分けたときの短いほうのテープの長さを答えましょう。

（　　　　）

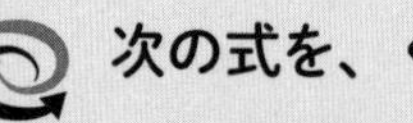

次の式を、くふうして計算しましょう。【4点】

49×3.14－29×3.14＝

まとめのテスト⑱

目標時間 20分

学習した日　月　日

名前

得点　／100点

1679
解説→200ページ

1 **xにあてはまる数を答えましょう。** 1つ8点【64点】

(1) $7:3=x:18$ (　　)

(2) $4:5=40:x$ (　　)

(3) $4:8=36:x$ (　　)

(4) $6:4=x:28$ (　　)

(5) $72:40=x:5$ (　　)

(6) $77:55=x:5$ (　　)

(7) $48:80=6:x$ (　　)

(8) $112:88=x:11$ (　　)

2 **リンゴジュースとオレンジジュースを300mLと180mLの割合で混ぜてミックスジュースを作ります。次の問いに答えましょう。** 1つ12点【36点】

(1) リンゴジュースとオレンジジュースのかさの比を、簡単な整数の比で表しましょう。

(　　)

(2) リンゴジュースの量を200mLにすると、オレンジジュースは何mL必要ですか。

(　　)

(3) ミックスジュースを400mL作るとき、リンゴジュースは何mL必要ですか。

(　　)

＼もう１回チャレンジ!! ／

79 まとめのテスト⑱

学習した日　月　日

名前

得点

／100点

1679
解説→200ページ

❶ xにあてはまる数を答えましょう。 1つ8点【64点】

(1) $7:3=x:18$ (　　)

(2) $4:5=40:x$ (　　)

(3) $4:8=36:x$ (　　)

(4) $6:4=x:28$ (　　)

(5) $72:40=x:5$ (　　)

(6) $77:55=x:5$ (　　)

(7) $48:80=6:x$ (　　)

(8) $112:88=x:11$ (　　)

❷ リンゴジュースとオレンジジュースを300mLと180mLの割合(わりあい)で混ぜてミックスジュースを作ります。次の問いに答えましょう。 1つ12点【36点】

(1) リンゴジュースとオレンジジュースのかさの比を、簡単(かんたん)な整数の比で表しましょう。

(　　)

(2) リンゴジュースの量を200mLにすると、オレンジジュースは何mL必要ですか。

(　　)

(3) ミックスジュースを400mL作るとき、リンゴジュースは何mL必要ですか。

(　　)

パズル④

学習した日　　月　　日

名前

得点

／100点

1680
解説→200ページ

1 乗り物の窓(まど)に書かれた数はある規則にしたがって並(なら)んでいます。□にあてはまる数を書きましょう。【50点】

(1)

（15点）

(2) 3 6 9 12 15 18 21 24 □ 30 33

（15点）

(3) 1 3 5 7 9 11 13 15 □ 19

（20点）

2 乗り物の窓に書かれた数はある規則にしたがって並んでいます。□にあてはまる数を答えましょう。【50点】

(1)

（15点）

(2) 7 4 1 8 5 2 □ 6 3 0 7 4 1 8

（15点）

(3) 6 3 2 $\frac{3}{2}$ $\frac{6}{5}$ 1 $\frac{6}{7}$ $\frac{3}{4}$ $\frac{2}{3}$ $\frac{3}{5}$ □ $\frac{1}{2}$

（20点）

80 パズル④

学習した日　　月　　日

名前

得点

／100点

解説→200ページ

❶ 乗り物の窓(まど)に書かれた数はある規則にしたがって並(なら)んでいます。□にあてはまる数を書きましょう。【50点】

(1)

(15点)

(2)

(15点)

(3)

(20点)

❷ 乗り物の窓に書かれた数はある規則にしたがって並んでいます。□にあてはまる数を答えましょう。【50点】

(1)

(15点)

(2)

(15点)

(3)

(20点)

総復習＋先取り①

学習した日　月　日

名前

得点

／100点

1681
解説→201ページ

1 xにあてはまる数を答えましょう。　1つ5点【20点】

(1) $12.5+x=20.1$

(　　　)

(2) $30-x=17.3$

(　　　)

(3) $x\times20=5$

(　　　)

(4) $x\div6=24$

(　　　)

2 次の計算をしましょう。　1つ6点【36点】

(1) $\frac{3}{4}\times20=$

(2) $\frac{3}{5}\times\frac{9}{8}=$

(3) $\frac{3}{14}\times\frac{21}{16}=$

(4) $\frac{7}{10}\times\frac{15}{28}=$

(5) $2\frac{1}{12}\times\frac{8}{15}=$

(6) $2\frac{4}{9}\times2\frac{5}{11}=$

3 xLの水を12人で同じ量ずつ分けたときの1人分の水の量はyLになります。このとき、次の問いに答えましょう。　1つ5点【15点】

(1) xとyの関係を式に表しましょう。

(　　　)

(2) xの値が8.4のときのyの値を求めましょう。

(　　　)

(3) yの値が1.5のときのxの値を求めましょう。

(　　　)

4 底面積が$\frac{9}{32}$cm^2、高さが$6\frac{2}{3}$cmの五角柱の体積は何cm^{3}ですか。

【全部できて9点】

(式)

答え(　　　)

5 1とそれ以外に約数をもたない数を素数といいます。例を参考に、次の数を素数のかけ算の形にしましょう。　1つ5点【20点】

(例) $12=2\times2\times3$　※1は書きません。

(1) $21=$

(2) $25=$

(3) $18=$

(4) $54=$

＼もう1回チャレンジ!!／

総復習＋先取り ①

学習した日　　月　　日	得点
名前	／100点

1 xにあてはまる数を答えましょう。　1つ5点【20点】

(1) $12.5+x=20.1$　(　　　)

(2) $30-x=17.3$　(　　　)

(3) $x\times20=5$　(　　　)

(4) $x\div6=24$　(　　　)

2 次の計算をしましょう。　1つ6点【36点】

(1) $\frac{3}{4}\times20=$

(2) $\frac{3}{5}\times\frac{9}{8}=$

(3) $\frac{3}{14}\times\frac{21}{16}=$

(4) $\frac{7}{10}\times\frac{15}{28}=$

(5) $2\frac{1}{12}\times\frac{8}{15}=$

(6) $2\frac{4}{9}\times2\frac{5}{11}=$

3 xLの水を12人で同じ量ずつ分けたときの1人分の水の量はyLになります。このとき、次の問いに答えましょう。　1つ5点【15点】

(1) xとyの関係を式に表しましょう。

(　　　)

(2) xの値が8.4のときのyの値を求めましょう。

(　　　)

(3) yの値が1.5のときのxの値を求めましょう。

(　　　)

4 底面積が$\frac{9}{32}$cm^2、高さが$6\frac{2}{3}$cmの五角柱の体積は何cm^{3}ですか。

【全部できて9点】

(式)

答え(　　　)

5 1とそれ以外に約数をもたない数を素数といいます。例を参考に、次の数を素数のかけ算の形にしましょう。　1つ5点【20点】

(例) $12=2\times2\times3$　※1は書きません。

(1) $21=$

(2) $25=$

(3) $18=$

(4) $54=$

総復習＋先取り②

学習した日　　月　　日

名前

得点

／100点

1682
解説→201ページ

1 次の計算をしましょう。　1つ6点【60点】

(1) $1\frac{7}{9}\div24=$

(2) $6\div1\frac{1}{5}=$

(3) $\frac{3}{7}\div\frac{7}{10}=$

(4) $\frac{8}{27}\div\frac{16}{45}=$

(5) $2\frac{2}{15}\div\frac{16}{25}=$

(6) $\frac{4}{5}\div1\frac{5}{9}=$

(7) $1\frac{24}{25}\div1\frac{13}{15}=$

(8) $\frac{16}{21}\times2.8=$

(9) $3.3\div\frac{11}{15}=$

(10) $4.5\div5\frac{2}{5}=$

2 次の式を、くふうして計算しましょう。　1つ7点【21点】

(1) $\frac{1}{21}\times\frac{7}{12}+\frac{20}{21}\times\frac{7}{12}=$

(2) $\frac{7}{15}\times\frac{4}{25}\times6\frac{1}{4}=$

(3) $135\times3.14-35\times3.14=$

3 $2\frac{2}{5}$kmの道のりを歩いたら、$\frac{3}{7}$時間かかりました。このときの歩く速さは時速何kmですか。　【全部できて9点】

(式)

答え(　　　　)

4 $x+2=5$のように、xの値(あたい)によって等号が成り立ったり成り立たなかったりする式を方程式(ほうていしき)といい、成り立つxを求めることを、方程式を解(と)くといいます。次の方程式を解きましょう。　1つ5点【10点】

(例) $x+2=5$　$x=5-2$　$x=3$

(1) $x\times6=30$

$x=$(　　　)

(2) $x\div8=7$

$x=$(　　　)

総復習＋先取り ②

学習した日　　月　　日

名前

得点　　／100点

1682
解説→201ページ

❶ 次の計算をしましょう。 1つ6点【60点】

(1) $1\frac{7}{9}\div 24=$

(2) $6\div 1\frac{1}{5}=$

(3) $\frac{3}{7}\div\frac{7}{10}=$

(4) $\frac{8}{27}\div\frac{16}{45}=$

(5) $2\frac{2}{15}\div\frac{16}{25}=$

(6) $\frac{4}{5}\div 1\frac{5}{9}=$

(7) $1\frac{24}{25}\div 1\frac{13}{15}=$

(8) $\frac{16}{21}\times 2.8=$

(9) $3.3\div\frac{11}{15}=$

(10) $4.5\div 5\frac{2}{5}=$

❷ 次の式を、くふうして計算しましょう。 1つ7点【21点】

(1) $\frac{1}{21}\times\frac{7}{12}+\frac{20}{21}\times\frac{7}{12}=$

(2) $\frac{7}{15}\times\frac{4}{25}\times 6\frac{1}{4}=$

(3) $135\times 3.14-35\times 3.14=$

❸ $2\frac{2}{5}$kmの道のりを歩いたら、$\frac{3}{7}$時間かかりました。このときの歩く速さは時速何kmですか。 【全部できて9点】

(式)

答え(　　　　　)

❹ $x+2=5$のように、xの値(あたい)によって等号が成り立ったり成り立たなかったりする式を方程式(ほうていしき)といい、成り立つxを求めることを、方程式を解(と)くといいます。次の方程式を解きましょう。 1つ5点【10点】

(例) $x+2=5$　　$x=5-2$　　$x=3$

(1) $x\times 6=30$

$x=$(　　　　)

(2) $x\div 8=7$

$x=$(　　　　)

総復習＋先取り③

学習した日　月　日

名前

得点

／100点

解説→202ページ

❶ 次の計算をしましょう。 1つ6点【24点】

(1) $\frac{3}{4}\times\frac{7}{8}\times\frac{3}{5}=$

(2) $1\frac{3}{5}\div2\frac{1}{10}\times\frac{7}{32}=$

(3) $\frac{5}{12}\div\frac{4}{9}\div\frac{15}{16}=$

(4) $\frac{7}{9}\div3\frac{7}{9}\times1.7=$

❷ 次の比を簡単にしましょう。 1つ6点【36点】

(1) 12：28　（　　）

(2) 42：16　（　　）

(3) 2.4：6　（　　）

(4) 4：8.5　（　　）

(5) $\frac{1}{9}:\frac{1}{6}$　（　　）

(6) $\frac{1}{4}:\frac{5}{16}$　（　　）

❸ 長さが$3\frac{1}{8}$mであるAのリボンがあります。次の問いに答えましょう。 【30点】

(1) Bのリボンの長さは15mです。Bのリボンの長さはAのリボンの長さの何倍ですか。 (全部できて15点)

(式)

答え（　　）

(2) Cのリボンの長さはAのリボンの長さの$1\frac{3}{5}$倍です。Cのリボンの長さは何mですか。 (全部できて15点)

(式)

答え（　　）

❹ 次のルールを使用して、xの値を求めましょう。 1つ5点【10点】

(ルール) 2：3＝4：6　内側どうしの積と外側どうしの積は同じになります。

3×4＝12
2×6＝12 → 3×4＝2×6

(1) $2:8=x:12$　（　　）

(2) $9:6=6:x$　（　　）

＼もう1回チャレンジ!!／

総復習＋先取り③

学習した日　月　日

名前

得点

／100点

解説→202ページ

❶ 次の計算をしましょう。 1つ6点【24点】

(1) $\frac{3}{4}\times\frac{7}{8}\times\frac{3}{5}=$

(2) $1\frac{3}{5}\div2\frac{1}{10}\times\frac{7}{32}=$

(3) $\frac{5}{12}\div\frac{4}{9}\div\frac{15}{16}=$

(4) $\frac{7}{9}\div3\frac{7}{9}\times1.7=$

❷ 次の比を簡単にしましょう。 1つ6点【36点】

(1) 12：28　（　　　）

(2) 42：16　（　　　）

(3) 2.4：6　（　　　）

(4) 4：8.5　（　　　）

(5) $\frac{1}{9}:\frac{1}{6}$　（　　　）

(6) $\frac{1}{4}:\frac{5}{16}$　（　　　）

❸ 長さが$3\frac{1}{8}$mであるAのリボンがあります。次の問いに答えましょう。 【30点】

(1) Bのリボンの長さは15mです。Bのリボンの長さはAのリボンの長さの何倍ですか。 (全部できて15点)

(式)

答え（　　　）

(2) Cのリボンの長さはAのリボンの長さの$1\frac{3}{5}$倍です。Cのリボンの長さは何mですか。 (全部できて15点)

(式)

答え（　　　）

❹ 次のルールを使用して、xの値を求めましょう。 1つ5点【10点】

(ルール) 2：3＝4：6　内側どうしの積と外側どうしの積は同じになります。

$3\times4=12$
$2\times6=12$ → $3\times4=2\times6$

(1) $2:8=x:12$　（　　）

(2) $9:6=6:x$　（　　）

計算ギガドリル　小学６年

答え

わからなかった問題は、ポイントの解説をよく読んで、確認してください。

1　文字を使った式①　3ページ

❶ (1) 200＋100(g)
(2) 200＋200(g)
(3) 200＋300(g)
(4) 200＋x(g)
❷ (1) 700　(2) 1200　(3) 1090
(4) 1360
❸ (1) 19　(2) 31　(3) 7.7　(4) 20.3
❹ (1) 20　(2) 16.1

(1) 31.4　(2) 0.0314

まちがえたら、解き直しましょう。

ポイント

❶合計の重さは、(箱の重さ)＋(荷物の重さ)で求めます。
(4)言葉の式に箱の重さの200gと荷物の重さのxgをあてはめると、合計の重さを表す式は、
200＋x(g)
❷200＋xのxに数をあてはめて、たし算をします。
❸x＋7のxに数をあてはめて、たし算をします。
(3)xに0.7をあてはめると、0.7＋7＝7.7
(4)xに13.3をあてはめると、13.3＋7＝20.3
❹(2)x＋2.1のxに14をあてはめると、
14＋2.1＝16.1

整数や小数を、10倍、100倍、1000倍すると、小数点は右にそれぞれ1つ、2つ、3つ移動します。
また、$\frac{1}{10}$、$\frac{1}{100}$、$\frac{1}{1000}$にすると、小数点は左にそれぞれ1つ、2つ、3つ移動します。
(1)3.14を10倍すると、小数点は右に1つ移動するので、31.4
(2)3.14を$\frac{1}{100}$にすると、小数点は左に2つ移動するので、0.0314

2　文字を使った式②　5ページ

❶ (1) 24－4(cm)　(2) 24－x(cm)
❷ (1) 17　(2) 8　(3) 23.5　(4) 11.5
❸ (1) 5　(2) 38　(3) 1.2　(4) 7.8
❹ (1) 7.3　(2) 1.7　(3) 4.9　(4) 1.9

(1) 42　(2) 70.8　(3) 610
(4) 1005　(5) 1.05　(6) 0.878

まちがえたら、解き直しましょう。

ポイント

❶(テープの長さ)－(使った長さ)＝(残りの長さ)です。
(2)言葉の式にテープの長さの24cmと使った長さの$x$cmをあてはめると、残りの長さを表す式は、
24－x(cm)となります。
❷24－xのxに数をあてはめて、ひき算をします。
(3)xに0.5をあてはめると、24－0.5＝23.5
(4)xに12.5をあてはめると、
24－12.5＝11.5
❸x－3のxに数をあてはめて、ひき算をします。
(3)xに4.2をあてはめると、4.2－3＝1.2
(4)xに10.8をあてはめると、10.8－3＝7.8
❹(1)10－xのxに2.7をあてはめると、
10－2.7＝7.3
(2)x－1のxに2.7をあてはめると、
2.7－1＝1.7
(3)7.6－xのxに2.7をあてはめると、
7.6－2.7＝4.9
(4)x－0.8のxに2.7をあてはめると、
2.7－0.8＝1.9

整数や小数を、10倍、100倍、1000倍すると、小数点は右にそれぞれ1つ、2つ、3つ移動します。
また、10でわることは、$\frac{1}{10}$にすることと同じで、小数点は左に1つ移動します。
(1)4.2を10倍すると、小数点は右に1つ移動するので、42
(2)7.08を10倍すると、小数点は右に1つ移動するので、70.8
(3)6.1を100倍すると、小数点は右に2つ移動するので、610
(4)1.005を1000倍すると、小数点は右に3つ移動するので、1005
(5)10.5を10でわると、小数点は左に1つ移動するので、1.05
(6)8.78を10でわると、小数点は左に1つ移動するので、0.878

3 文字を使った式③ 7ページ

❶ (1) $x+8=y$　(2) 18　(3) 24
❷ (1) 5　(2) 14　(3) 24　(4) 2
(5) 30　(6) 32
❸ (1) 4.6　(2) 7.4　(3) 10.8
(4) 4.2　(5) 0.5　(6) 2.9

(1) 2000000　(2) 3
(3) 5000　(4) 1000

まちがえたら、解き直しましょう。

ポイント

❶(赤い折り紙の枚数)＋(青い折り紙の枚数)＝(合計の折り紙の枚数)です。
(1)言葉の式に、赤い折り紙x枚、青い折り紙8枚、合計の折り紙y枚をあてはめると、$x+8=y$
(2) (1)の式のxに10をあてはめると、
$10+8=y$より、yの値は18
(3) (1)の式のyに32をあてはめると、
$x+8=32$より、$x=32-8=24$
❷(1) $x+3=8$　$x=8-3=5$
(2) $x+6=20$　$x=20-6=14$
(3) $x+18=42$　$x=42-18=24$
(4) $7+x=9$　$x=9-7=2$
(5) $20+x=50$　$x=50-20=30$
(6) $32+x=64$　$x=64-32=32$
❸(1) $x+2.4=7$　$x=7-2.4=4.6$
(2) $x+5=12.4$　$x=12.4-5=7.4$
(3) $x+8.7=19.5$　$x=19.5-8.7=10.8$
(4) $6+x=10.2$　$x=10.2-6=4.2$
(5) $0.7+x=1.2$　$x=1.2-0.7=0.5$
(6) $4.5+x=7.4$　$x=7.4-4.5=2.9$

(1) $1m^3$は$1000000cm^3$だから$2m^3$は$2000000cm^3$です。
(2) 1mLは$1cm^3$だから3mLは$3cm^3$です。
(3) 1Lは$1000cm^3$だから5Lは$5000cm^3$です。
(4) 1kLは1000Lです。

4 文字を使った式④ 9ページ

❶ (1) $20-x=y$　(2) 15　(3) 12
❷ (1) 13　(2) 32　(3) 54　(4) 71
(5) 5　(6) 5　(7) 13　(8) 24
❸ (1) 26.8　(2) 3.2　(3) 12.9
(4) 14.8　(5) 5.3　(6) 8.3

(1) 115　(2) 5.1

まちがえたら、解き直しましょう。

ポイント

❶(ジュースの量)－(飲んだ量)＝(残りの量)です。
(1)言葉の式に、ジュースの量20dL、飲んだ量xdL、残りの量ydLをあてはめると、$20-x=y$
(2) (1)の式のxに5をあてはめると、
$20-5=y$より、yの値は15
(3) (1)の式のyに8をあてはめると、
$20-x=8$より、$x=20-8=12$
❷(1) $x-4=9$　$x=9+4=13$
(2) $x-8=24$　$x=24+8=32$
(3) $x-48=6$　$x=6+48=54$
(4) $x-14=57$　$x=57+14=71$
(5) $9-x=4$　$x=9-4=5$
(6) $27-x=22$　$x=27-22=5$
(7) $17-x=4$　$x=17-4=13$
(8) $45-x=21$　$x=45-21=24$
❸(1) $x-8=18.8$　$x=18.8+8=26.8$
(2) $x-0.7=2.5$　$x=2.5+0.7=3.2$
(3) $x-4.7=8.2$　$x=8.2+4.7=12.9$
(4) $x-12.1=2.7$　$x=2.7+12.1=14.8$
(5) $15-x=9.7$　$x=15-9.7=5.3$

小数を整数に直して計算します。
(1) $50\times(2.3\times10)=50\times23=1150$なので、
$50\times2.3=50\times23\div10=115$
(2) $30\times(0.17\times100)=30\times17=510$なので、
$30\times0.17=30\times17\div100=5.1$

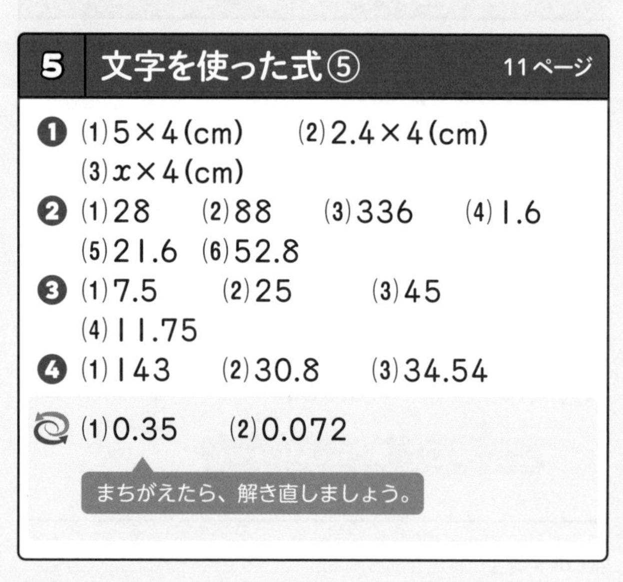

5 文字を使った式⑤ 11ページ

❶ (1) 5×4(cm)　(2) 2.4×4(cm)
(3) $x\times4$(cm)
❷ (1) 28　(2) 88　(3) 336　(4) 1.6
(5) 21.6　(6) 52.8
❸ (1) 7.5　(2) 25　(3) 45
(4) 11.75
❹ (1) 143　(2) 30.8　(3) 34.54

(1) 0.35　(2) 0.072

まちがえたら、解き直しましょう。

ポイント

❶正方形の周りの長さは、(一辺の長さ)×4で求めます。
(3)言葉の式に一辺の長さ$x$cmをあてはめると、正方形の周りの長さを表す式は、$x\times4$(cm)
❷$x\times4$のxに数をあてはめて、かけ算をします。
(4) xに0.4をあてはめると、$0.4\times4=1.6$
(5) xに5.4をあてはめると、$5.4\times4=21.6$
(6) xに13.2をあてはめると、
$13.2\times4=52.8$
❸$x\times2.5$のxに数をあてはめて、かけ算をします。

(1)xに3をあてはめると、$3\times2.5=7.5$
(4)xに4.7をあてはめると、
$4.7\times2.5=11.75$
❹(1)$13\times x$のxに11をあてはめると、
$13\times11=143$
(2)$2.8\times x$のxに11をあてはめると、
$2.8\times11=30.8$
(3)$x\times3.14$のxに11をあてはめると、
$11\times3.14=34.54$
小数を整数に直して計算します。
(1)$0.7\times0.5\times10\times10=(0.7\times10)\times(0.5\times10)$
$=7\times5=35$なので、
$0.7\times0.5=35\div100=0.35$
(2) $2.4\times0.03\times10\times100=(2.4\times10)\times$
$(0.03\times100)=24\times3=72$なので、
$2.4\times0.03=72\div1000=0.072$

6 文字を使った式⑥ 13ページ

❶ (1)$12\div3$(cm)　(2)$3.9\div3$(cm)
(3)$x\div3$(cm)
❷ (1)3　(2)9　(3)18　(4)2.2
(5)2.6　(6)7.9
❸ (1)20　(2)15　(3)5　(4)7.5
(5)25　(6)4.8　(7)400

(1)0.689　(2)4.45　(3)6.28

まちがえたら、解き直しましょう。

ポイント
❶正三角形の一辺の長さは、(周りの長さ)÷3で求めます。
(3)言葉の式に周りの長さ$x$cmをあてはめると、正三角形の一辺の長さを表す式は、$x\div3$(cm)
❷$x\div3$のxに数をあてはめて、わり算をします。
(4)xに6.6をあてはめると、$6.6\div3=2.2$
(5)xに7.8をあてはめると、$7.8\div3=2.6$
(6)xに23.7をあてはめると、$23.7\div3=7.9$
❸$60\div x$のxに数をあてはめて、わり算をします。
(4)xに8をあてはめると、$60\div8=7.5$
(5)xに2.4をあてはめると、$60\div2.4=25$
(6)xに12.5をあてはめると、
$60\div12.5=4.8$
(7)xに0.15をあてはめると、
$60\div0.15=400$
(1)□×○＝○×□を利用します。
$0.5\times6.89\times0.2=(0.5\times0.2)\times6.89$
$=0.1\times6.89=0.689$
(2)(○×□)×△＝○×(□×△)を利用します。
$4.45\times8\times0.125=4.45\times(8\times0.125)$
$=4.45\times1=4.45$
(3)□×△－○×△＝(□－○)×△を利用します。
$2.45\times3.14-0.45\times3.14=(2.45-0.45)$
$\times3.14=2\times3.14=6.28$

7 文字を使った式⑦ 15ページ

❶ (1)$80\times x=y$　(2)560　(3)8
❷ (1)6　(2)9　(3)12　(4)7
(5)7　(6)19　(7)4　(8)5
❸ (1)4　(2)8　(3)7　(4)9
(5)0.5　(6)1.5

(1)30　(2)600

まちがえたら、解き直しましょう。

ポイント
❶(速さ)×(時間)＝(歩いた道のり)です。
(1)言葉の式に、分速80m、時間x分、歩いた道のりymをあてはめると、$80\times x=y$
(2) (1)の式のxに7をあてはめると、
$80\times7=y$より、yの値(あたい)は560
(3) (1)の式のyに640をあてはめると、
$80\times x=640$　$x=640\div80=8$
❷(1)$5\times x=30$　$x=30\div5=6$
(2)$8\times x=72$　$x=72\div8=9$
(3)$9\times x=108$　$x=108\div9=12$
(4)$13\times x=91$　$x=91\div13=7$
(5)$x\times7=49$　$x=49\div7=7$
(6)$x\times4=76$　$x=76\div4=19$
(7)$x\times23=92$　$x=92\div23=4$
(8)$x\times32=160$　$x=160\div32=5$
❸(1)$0.6\times x=2.4$　$x=2.4\div0.6=4$
(2)$0.5\times x=4$　$x=4\div0.5=8$
(3)$2.6\times x=18.2$　$x=18.2\div2.6=7$
(4)$x\times0.06=0.54$　$x=0.54\div0.06=9$
(5)$x\times3.8=1.9$　$x=1.9\div3.8=0.5$
(6)$x\times60=90$　$x=90\div60=1.5$
(1)$42\div1.4=(42\times10)\div(1.4\times10)$
$=420\div14=30$
(2)$210\div0.35=(210\times100)\div(0.35\times100)$
$=21000\div35=600$

8 文字を使った式⑧ 17ページ

❶ (1) $x \div 5 = y$　(2) 0.8　(3) 6
❷ (1) 8　(2) 21　(3) 36　(4) 48
(5) 4　(6) 5　(7) 14　(8) 30
❸ (1) 7.2　(2) 6.4　(3) 4.9　(4) 4
(5) 1.6　(6) 0.8

(1) 8　(2) 0.5

まちがえたら、解き直しましょう。

ポイント

❶(ジュースの量)÷(人数)=(1人分の量)です。
(1)言葉の式に、ジュースの量 xL、人数5人、1人分の量 yL をあてはめると、$x \div 5 = y$
(2) (1)の式の x に4をあてはめると、
$4 \div 5 = y$ より、y の値(あたい)は0.8
(3) (1)の式の y に1.2をあてはめると、
$x \div 5 = 1.2$　$x = 1.2 \times 5 = 6$
❷(1) $x \div 4 = 2$　$x = 2 \times 4 = 8$
(2) $x \div 7 = 3$　$x = 3 \times 7 = 21$
(3) $x \div 6 = 6$　$x = 6 \times 6 = 36$
(4) $x \div 12 = 4$　$x = 4 \times 12 = 48$
(5) $12 \div x = 3$　$x = 12 \div 3 = 4$
(6) $25 \div x = 5$　$x = 25 \div 5 = 5$
(7) $42 \div x = 3$　$x = 42 \div 3 = 14$
(8) $600 \div x = 20$　$x = 600 \div 20 = 30$
❸(1) $x \div 6 = 1.2$　$x = 1.2 \times 6 = 7.2$
(2) $x \div 8 = 0.8$　$x = 0.8 \times 8 = 6.4$
(3) $x \div 1.4 = 3.5$　$x = 3.5 \times 1.4 = 4.9$
(4) $0.8 \div x = 0.2$　$x = 0.8 \div 0.2 = 4$
(5) $9.6 \div x = 6$　$x = 9.6 \div 6 = 1.6$
(6) $10.8 \div x = 13.5$　$x = 10.8 \div 13.5 = 0.8$

(1) $2 \div 0.25 = (2 \times 100) \div (0.25 \times 100)$
$= 200 \div 25 = 8$
(2) $0.9 \div 1.8 = (0.9 \times 10) \div (1.8 \times 10)$
$= 9 \div 18 = 0.5$

9 文字を使った式⑨ 19ページ

❶ (1) 14　(2) 18.2　(3) 7　(4) 27.2
❷ (1) 5　(2) 11.8　(3) 8.7　(4) 3
(5) 3.8
❸ (1) 21　(2) 16　(3) 3.2
❹ (1) 2　(2) 2.4　(3) 8

(1) 8余り0.2　(2) 5余り1.2

まちがえたら、解き直しましょう。

ポイント

❶(1)もとの式の x に6をあてはめると、$6 + 8 = y$ より、y の値は14
(2)もとの式の x に10.2をあてはめると、
$10.2 + 8 = y$ より、y の値は18.2
(3)もとの式の y に15をあてはめると、
$x + 8 = 15$　$x = 15 - 8 = 7$
(4)もとの式の y に35.2をあてはめると、
$x + 8 = 35.2$　$x = 35.2 - 8 = 27.2$
❷(1)もとの式の x に10をあてはめると、
$15 - 10 = y$ より、y の値は5
(2)もとの式の x に3.2をあてはめると、
$15 - 3.2 = y$ より、y の値は11.8
(4)もとの式の y に12をあてはめると、
$15 - x = 12$　$x = 15 - 12 = 3$
(5)もとの式の y に11.2をあてはめると、
$15 - x = 11.2$　$x = 15 - 11.2 = 3.8$
❸(1)もとの式の x に7をあてはめると、
$3 \times 7 = y$ より、y の値は21
(2)もとの式の y に48をあてはめると、
$3 \times x = 48$　$x = 48 \div 3 = 16$
❹(1)もとの式の x に6をあてはめると、
$12 \div 6 = y$ より、y の値は2
(2)もとの式の y に5をあてはめると、
$12 \div x = 5$　$x = 12 \div 5 = 2.4$

(1) 1.6)13.0 → 8、128、0.2
(2) 4.7)24.7 → 5、235、1.2

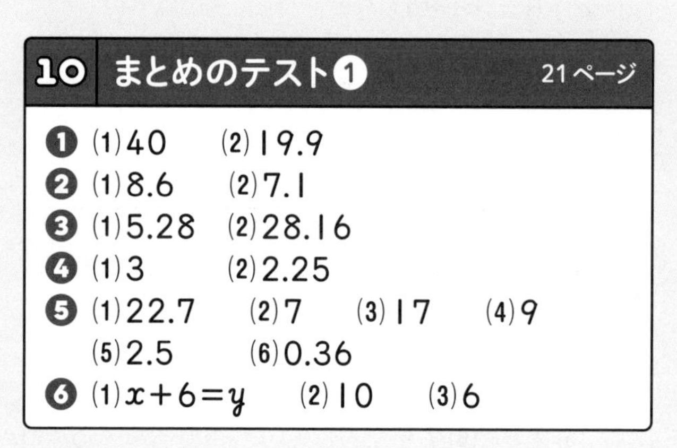

10 まとめのテスト1 21ページ

❶ (1) 40　(2) 19.9
❷ (1) 8.6　(2) 7.1
❸ (1) 5.28　(2) 28.16
❹ (1) 3　(2) 2.25
❺ (1) 22.7　(2) 7　(3) 17　(4) 9
(5) 2.5　(6) 0.36
❻ (1) $x + 6 = y$　(2) 10　(3) 6

ポイント

❶ $x + 12$ の x に数をあてはめて、たし算をします。
(1) x に28をあてはめると、$28 + 12 = 40$
(2) x に7.9をあてはめると、$7.9 + 12 = 19.9$
❷ $14.6 - x$ の x に数をあてはめて、ひき算をします。
(1) x に6をあてはめると、$14.6 - 6 = 8.6$
(2) x に7.5をあてはめると、
$14.6 - 7.5 = 7.1$

❸$x \times 1.76$のxに数をあてはめて、かけ算をします。
(1)xに3をあてはめると、$3 \times 1.76 = 5.28$
❹$36 \div x$のxに数をあてはめて、わり算をします。
(1)xに12をあてはめると、$36 \div 12 = 3$
❺(2)$x - 11$のxに18をあてはめると、
$18 - 11 = 7$
(4)$x \times 0.5$のxに18をあてはめると、
$18 \times 0.5 = 9$
(5)$45 \div x$のxに18をあてはめると、
$45 \div 18 = 2.5$
❻(昨日の気温)＋(上がった温度)＝(今日の気温)です。
(1)言葉の式に、昨日の気温x℃、上がった気温6℃、今日の気温y℃をあてはめると、$x + 6 = y$
(3) (1)の式のyに12をあてはめると、
$x + 6 = 12 \quad x = 12 - 6 = 6$

11 まとめのテスト❷ 23ページ

❶ (1)40　(2)24　(3)26　(4)31
(5)3　(6)5　(7)4　(8)90
(9)144　(10)18
❷ (1)4.2　(2)0.37　(3)18.5
(4)50　(5)1.4　(6)44
❸ (1)$x \times 8 = y$　(2)96　(3)81.6
(4)4.7

ポイント
❶(1)$x + 10 = 50 \quad x = 50 - 10 = 40$
(3)$x - 12 = 14 \quad x = 14 + 12 = 26$
(6)$x \times 5 = 25 \quad x = 25 \div 5 = 5$
(8)$x \div 6 = 15 \quad x = 15 \times 6 = 90$
❷(1)$x + 4.8 = 9 \quad x = 9 - 4.8 = 4.2$
(2)$0.05 + x = 0.42$
$x = 0.42 - 0.05 = 0.37$
(3)$x - 6.5 = 12 \quad x = 12 + 6.5 = 18.5$
(4)$x \times 1.4 = 70 \quad x = 70 \div 1.4 = 50$
(5)$5.2 \times x = 7.28$
$x = 7.28 \div 5.2 = 1.4$
(6)$x \div 4.4 = 10 \quad x = 10 \times 4.4 = 44$
❸(底辺)×(高さ)＝(平行四辺形の面積)です。
(1)言葉の式に、底辺$x$cm、高さ8cm、平行四辺形の面積$y$cm^{2}をあてはめると、$x \times 8 = y$
(2) (1)の式のxに12をあてはめると、
$12 \times 8 = y$より、yの値(あたい)は96
(4) (1)の式のyに37.6をあてはめると、
$x \times 8 = 37.6 \quad x = 37.6 \div 8 = 4.7$

12 分数×整数① 25ページ

❶ (1)$\frac{4}{5}$　(2)$\frac{3}{4}$　(3)$\frac{8}{9}$　(4)$\frac{9}{10}$
(5)$\frac{5}{6}$　(6)$\frac{4}{7}$　(7)$\frac{2}{3}$　(8)$\frac{5}{8}$
❷ (1)$\frac{16}{9}\left(1\frac{7}{9}\right)$　(2)$\frac{6}{11}$　(3)$\frac{16}{13}\left(1\frac{3}{13}\right)$
(4)$\frac{11}{15}$　(5)$\frac{25}{18}\left(1\frac{7}{18}\right)$
(6)$\frac{27}{17}\left(1\frac{10}{17}\right)$

(1)22　(2)18.6
まちがえたら、解き直しましょう。

ポイント
❶分数に整数をかける計算は、分子に整数をかけて分母はそのままにします。
(1)$\frac{2}{5} \times 2 = \frac{2 \times 2}{5} = \frac{4}{5}$
(2)$\frac{1}{4} \times 3 = \frac{1 \times 3}{4} = \frac{3}{4}$
❷(1)$\frac{4}{9} \times 4 = \frac{4 \times 4}{9} = \frac{16}{9}$
(2)$\frac{2}{11} \times 3 = \frac{2 \times 3}{11} = \frac{6}{11}$
(1)もとの式のxに13をあてはめると、
$9 + 13 = 22$
(2)もとの式のxに9.6をあてはめると、
$9 + 9.6 = 18.6$

13 分数×整数② 27ページ

❶ (1)$\frac{3}{4}$　(2)$\frac{4}{3}\left(1\frac{1}{3}\right)$　(3)$\frac{1}{2}$
(4)$\frac{5}{2}\left(2\frac{1}{2}\right)$　(5)$\frac{1}{3}$　(6)$\frac{3}{2}\left(1\frac{1}{2}\right)$
(7)$\frac{3}{2}\left(1\frac{1}{2}\right)$　(8)$\frac{8}{3}\left(2\frac{2}{3}\right)$
❷ (1)2　(2)$\frac{4}{3}\left(1\frac{1}{3}\right)$　(3)6　(4)10
(5)$\frac{7}{2}\left(3\frac{1}{2}\right)$　(6)$\frac{20}{3}\left(6\frac{2}{3}\right)$

(1)3　(2)2.7
まちがえたら、解き直しましょう。

ポイント
❶分数に整数をかける計算は、分子に整数をかけて分母はそのままにします。また、約分できるときは、と中で約分しましょう。
(1)$\frac{3}{8} \times 2 = \frac{3 \times \cancel{2}^{1}}{\cancel{8}_{4}} = \frac{3}{4}$

(2) $\frac{4}{9}\times3=\frac{4\times\cancel{3}^{1}}{\cancel{9}_{3}}=\frac{4}{3}$

❷(1) $\frac{2}{3}\times3=\frac{2\times\cancel{3}^{1}}{\cancel{3}_{1}}=2$

(6) $\frac{10}{21}\times14=\frac{10\times\cancel{14}^{2}}{\cancel{21}_{3}}=\frac{20}{3}$

(1)もとの式のxに4をあてはめると、
$7-4=3$
(2)もとの式のxに4.3をあてはめると、
$7-4.3=2.7$

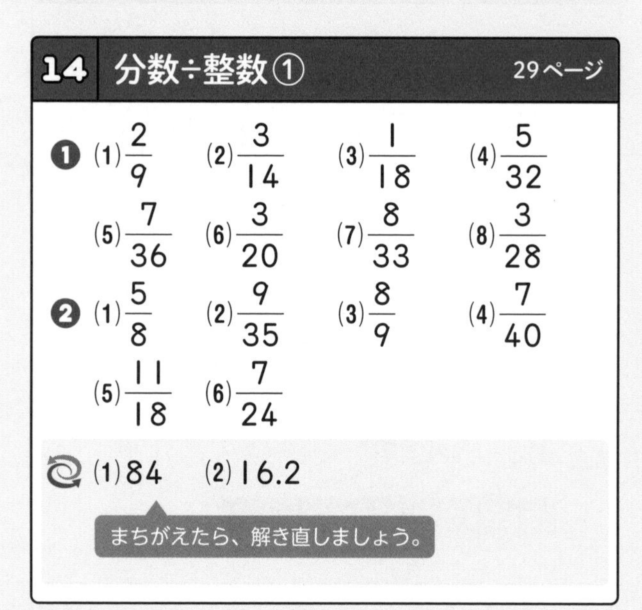

14 分数÷整数① 29ページ

❶ (1) $\frac{2}{9}$ (2) $\frac{3}{14}$ (3) $\frac{1}{18}$ (4) $\frac{5}{32}$
(5) $\frac{7}{36}$ (6) $\frac{3}{20}$ (7) $\frac{8}{33}$ (8) $\frac{3}{28}$

❷ (1) $\frac{5}{8}$ (2) $\frac{9}{35}$ (3) $\frac{8}{9}$ (4) $\frac{7}{40}$
(5) $\frac{11}{18}$ (6) $\frac{7}{24}$

(1) 84 (2) 16.2

まちがえたら、解き直しましょう。

ポイント

❶分数を整数でわる計算は、分子はそのままで、分母にその整数をかけます。

(1) $\frac{2}{3}\div3=\frac{2}{3\times3}=\frac{2}{9}$

(2) $\frac{3}{7}\div2=\frac{3}{7\times2}=\frac{3}{14}$

(5) $\frac{7}{9}\div4=\frac{7}{9\times4}=\frac{7}{36}$

(6) $\frac{3}{10}\div2=\frac{3}{10\times2}=\frac{3}{20}$

❷(1) $\frac{5}{4}\div2=\frac{5}{4\times2}=\frac{5}{8}$

(2) $\frac{9}{7}\div5=\frac{9}{7\times5}=\frac{9}{35}$

(1)もとの式のxに14をあてはめると、
$14\times6=84$
(2)もとの式のxに2.7をあてはめると、
$2.7\times6=16.2$

15 分数÷整数② 31ページ

❶ (1) $\frac{3}{7}$ (2) $\frac{3}{10}$ (3) $\frac{1}{18}$ (4) $\frac{1}{14}$
(5) $\frac{5}{18}$ (6) $\frac{3}{16}$ (7) $\frac{1}{15}$ (8) $\frac{3}{26}$

❷ (1) $\frac{9}{10}$ (2) $\frac{5}{16}$ (3) $\frac{1}{24}$ (4) $\frac{1}{20}$
(5) $\frac{2}{81}$ (6) $\frac{5}{21}$

(1) 1.2 (2) 8

まちがえたら、解き直しましょう。

ポイント

❶分数を整数でわる計算は、分子はそのままで、分母にその整数をかけます。また、約分できるときは、と中で約分しましょう。

(1) $\frac{6}{7}\div2=\frac{\cancel{6}^{3}}{7\times\cancel{2}_{1}}=\frac{3}{7}$

(3) $\frac{5}{9}\div10=\frac{\cancel{5}^{1}}{9\times\cancel{10}_{2}}=\frac{1}{18}$

(5) $\frac{10}{9}\div4=\frac{\cancel{10}^{5}}{9\times\cancel{4}_{2}}=\frac{5}{18}$

❷(5) $\frac{10}{27}\div15=\frac{\cancel{10}^{2}}{27\times\cancel{15}_{3}}=\frac{2}{81}$

(1)もとの式のxに10をあてはめると、
$12\div10=1.2$
(2)もとの式のxに1.5をあてはめると、
$12\div1.5=8$

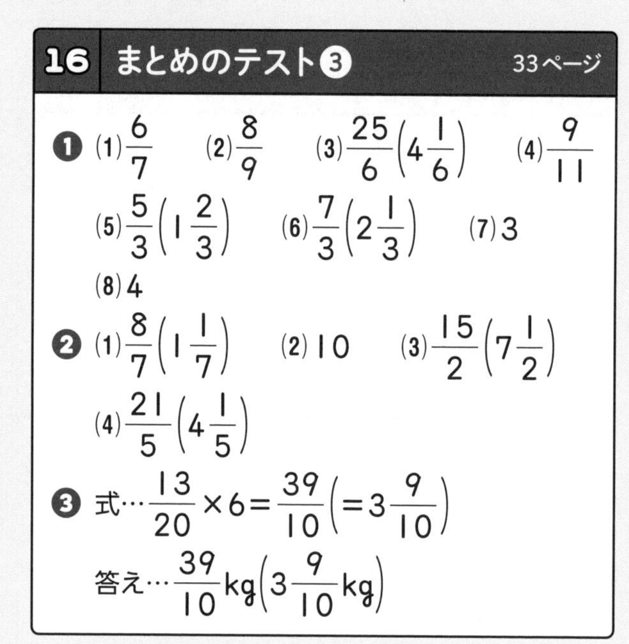

16 まとめのテスト❸ 33ページ

❶ (1) $\frac{6}{7}$ (2) $\frac{8}{9}$ (3) $\frac{25}{6}\left(4\frac{1}{6}\right)$ (4) $\frac{9}{11}$
(5) $\frac{5}{3}\left(1\frac{2}{3}\right)$ (6) $\frac{7}{3}\left(2\frac{1}{3}\right)$ (7) 3
(8) 4

❷ (1) $\frac{8}{7}\left(1\frac{1}{7}\right)$ (2) 10 (3) $\frac{15}{2}\left(7\frac{1}{2}\right)$
(4) $\frac{21}{5}\left(4\frac{1}{5}\right)$

❸ 式… $\frac{13}{20}\times6=\frac{39}{10}\left(=3\frac{9}{10}\right)$
答え… $\frac{39}{10}$kg $\left(3\frac{9}{10}\text{kg}\right)$

🔈 **ポイント**

❶分数に整数をかける計算は、分子に整数をかけて分母はそのままにします。また、約分できるときは、と中で約分しましょう。

(1) $\frac{1}{7}\times6=\frac{1\times6}{7}=\frac{6}{7}$

(5) $\frac{5}{9}\times3=\frac{5\times\overset{1}{\cancel{3}}}{\underset{3}{\cancel{9}}}=\frac{5}{3}$

(7) $\frac{3}{8}\times8=\frac{3\times\overset{1}{\cancel{8}}}{\underset{1}{\cancel{8}}}=3$

(8) $\frac{2}{3}\times6=\frac{2\times\overset{2}{\cancel{6}}}{\underset{1}{\cancel{3}}}=4$

❷(3) $\frac{3}{4}\times10=\frac{3\times\overset{5}{\cancel{10}}}{\underset{2}{\cancel{4}}}=\frac{15}{2}$

❸(1冊の重さ)×(冊数)=(全部の重さ)より、式は $\frac{13}{20}\times6$ となります。計算すると、

$\frac{13}{20}\times6=\frac{13\times\overset{3}{\cancel{6}}}{\underset{10}{\cancel{20}}}=\frac{39}{10}$ より、$\frac{39}{10}$kg

17 まとめのテスト❹ 35ページ

❶ (1) $\frac{5}{14}$ (2) $\frac{4}{9}$ (3) $\frac{1}{48}$ (4) $\frac{21}{32}$

(5) $\frac{1}{5}$ (6) $\frac{11}{13}$ (7) $\frac{9}{8}\left(1\frac{1}{8}\right)$ (8) $\frac{1}{8}$

❷ (1) $\frac{7}{15}$ (2) $\frac{2}{45}$ (3) $\frac{3}{32}$ (4) $\frac{2}{33}$

❸ 式… $\frac{35}{6}\div20=\frac{7}{24}$ 答え… $\frac{7}{24}$L

🔈 **ポイント**

❶分数を整数でわる計算は、分子はそのままで、分母にその整数をかけます。また、約分できるときは、と中で約分しましょう。

(1) $\frac{5}{7}\div2=\frac{5}{7\times2}=\frac{5}{14}$

(5) $\frac{9}{5}\div9=\frac{\overset{1}{\cancel{9}}}{5\times\underset{1}{\cancel{9}}}=\frac{1}{5}$

❷(1) $\frac{14}{5}\div6=\frac{\overset{7}{\cancel{14}}}{5\times\underset{3}{\cancel{6}}}=\frac{7}{15}$

(4) $\frac{16}{11}\div24=\frac{\overset{2}{\cancel{16}}}{11\times\underset{3}{\cancel{24}}}=\frac{2}{33}$

❸(全部の量)÷(人数)=(1人分の量)より、式は、$\frac{35}{6}\div20$ となります。計算すると、

$\frac{35}{6}\div20=\frac{\overset{7}{\cancel{35}}}{6\times\underset{4}{\cancel{20}}}=\frac{7}{24}$ より、$\frac{7}{24}$L

18 パズル① 37ページ

❶ (1) 4 (2) 2 (3) 2 (4) 7

❷ (1) 2 (2) 5 (3) 15 (4) 16

🔈 **ポイント**

❶分子の数を比べて、○にあてはまる数を求めます。帯分数は仮分数に直して考えます。

(1) $\frac{2}{9}\times○=\frac{2\times○}{9}$ と $\frac{8}{9}$ を比べて、2×○=8となるから、○=8÷2=4

(2) $\frac{○}{7}\times3=\frac{○\times3}{7}$ と $\frac{6}{7}$ を比べて、○×3=6となるから、○=6÷3=2

(3) $\frac{6}{7}\times○=\frac{6\times○}{7}$ と $1\frac{5}{7}=\frac{12}{7}$ を比べて、6×○=12となるから、○=12÷6=2

(4) $\frac{○}{9}\times5=\frac{○\times5}{9}$ と $3\frac{8}{9}=\frac{35}{9}$ を比べて、○×5=35となるから、○=35÷5=7

❷分母あるいは分子の数をそろえて、○にあてはまる数を求めます。

(1) $\frac{5}{12}\times○=\frac{5\times○}{12}$ となり分母を12にそろえると、$\frac{5}{6}=\frac{10}{12}$ だから、5×○=10となるので、○=10÷5=2

(2) $\frac{○}{3}\times6=\frac{○\times\overset{2}{\cancel{6}}}{\underset{1}{\cancel{3}}}$ =○×2より、○×2=10となるので、○=10÷2=5

(3) $\frac{3}{20}\times○=\frac{3\times○}{20}$ となり分母を20にそろえると、$2\frac{1}{4}=\frac{9}{4}=\frac{45}{20}$ だから、3×○=45となるので、○=45÷3=15

(4) $\frac{5}{○}\times4=\frac{5\times4}{○}=\frac{20}{○}$ となり、分子を20にそろえると、$\frac{5}{4}=\frac{20}{16}$ となるので、○=16

19 分数のかけ算① 39ページ

❶ (1) $\frac{1}{21}$　(2) $\frac{5}{24}$　(3) $\frac{6}{35}$　(4) $\frac{14}{15}$

(5) $\frac{9}{64}$　(6) $\frac{35}{32}\left(1\frac{3}{32}\right)$　(7) $\frac{9}{20}$

(8) $\frac{7}{54}$

❷ (1) $\frac{35}{36}$　(2) $\frac{49}{60}$　(3) $\frac{40}{99}$　(4) $\frac{27}{44}$

(5) $\frac{63}{50}\left(1\frac{13}{50}\right)$　(6) $\frac{81}{92}$

(1) 2.5　(2) 32

まちがえたら、解き直しましょう。

ポイント

❶分数に分数をかける計算は、分母どうし、分子どうしをかけます。

(1) $\frac{1}{3}\times\frac{1}{7}=\frac{1\times1}{3\times7}=\frac{1}{21}$

(3) $\frac{3}{7}\times\frac{2}{5}=\frac{3\times2}{7\times5}=\frac{6}{35}$

❷(1) $\frac{5}{3}\times\frac{7}{12}=\frac{5\times7}{3\times12}=\frac{35}{36}$

(1)もとの式の x に10をあてはめると、

$10\div4=y$　よって $y=2.5$

(2)もとの式の y に8をあてはめると、

$x\div4=8$　よって $x=8\times4=32$

20 分数のかけ算② 41ページ

❶ (1) $\frac{7}{8}$　(2) $\frac{20}{9}\left(2\frac{2}{9}\right)$　(3) $\frac{9}{13}$

(4) $\frac{12}{17}$　(5) $\frac{8}{15}$　(6) $\frac{20}{27}$　(7) $\frac{12}{13}$

(8) $\frac{9}{16}$

❷ (1) $\frac{15}{2}\left(7\frac{1}{2}\right)$　(2) $\frac{49}{10}\left(4\frac{9}{10}\right)$

(3) $\frac{33}{13}\left(2\frac{7}{13}\right)$　(4) $\frac{68}{75}$

(5) $\frac{66}{7}\left(9\frac{3}{7}\right)$　(6) $\frac{60}{49}\left(1\frac{11}{49}\right)$

(1) 9.4　(2) 12

まちがえたら、解き直しましょう。

ポイント

❶整数に分数をかける計算は、整数を分数に直して、分母どうし、分子どうしをかけます。分数×整数と考えて、分子に整数をかけて分母はそのままにして計算してもよいです。

(1) $7\times\frac{1}{8}=\frac{7}{1}\times\frac{1}{8}=\frac{7\times1}{1\times8}=\frac{7}{8}$

(2) $5\times\frac{4}{9}=\frac{5}{1}\times\frac{4}{9}=\frac{5\times4}{1\times9}=\frac{20}{9}$

❷(3) $11\times\frac{3}{13}=\frac{11\times3}{1\times13}=\frac{33}{13}$

(1)もとの式の x に7をあてはめると、

$7+2.4=9.4$

(2)もとの式の x に9.6をあてはめると、

$9.6+2.4=12$

21 分数のかけ算③ 43ページ

❶ (1) $\frac{3}{14}$　(2) $\frac{5}{16}$　(3) $\frac{1}{4}$　(4) $\frac{10}{27}$

(5) $\frac{1}{6}$　(6) $\frac{3}{20}$　(7) $\frac{1}{4}$　(8) $\frac{1}{27}$

❷ (1) 6　(2) 8　(3) $\frac{3}{20}$　(4) $\frac{2}{9}$

(5) $\frac{1}{28}$　(6) $\frac{4}{21}$

(1) 6　(2) 3.7

まちがえたら、解き直しましょう。

ポイント

❶分数に分数をかける計算は、分母どうし、分子どうしをかけます。答えは、それ以上約分できない形で答えるようにしましょう。

(1) $\frac{2}{7}\times\frac{3}{4}=\frac{\overset{1}{\cancel{2}}\times3}{7\times\underset{2}{\cancel{4}}}=\frac{3}{14}$

(5) $\frac{3}{4}\times\frac{2}{9}=\frac{\overset{1}{\cancel{3}}\times\overset{1}{\cancel{2}}}{\underset{2}{\cancel{4}}\times\underset{3}{\cancel{9}}}=\frac{1}{6}$

❷(1) $\frac{9}{5}\times\frac{10}{3}=\frac{\overset{3}{\cancel{9}}\times\overset{2}{\cancel{10}}}{\underset{1}{\cancel{5}}\times\underset{1}{\cancel{3}}}=6$

(3) $\frac{5}{36}\times\frac{27}{25}=\frac{\overset{1}{\cancel{5}}\times\overset{3}{\cancel{27}}}{\underset{4}{\cancel{36}}\times\underset{5}{\cancel{25}}}=\frac{3}{20}$

(5) $\frac{11}{42}\times\frac{3}{22}=\frac{\overset{1}{\cancel{11}}\times\overset{1}{\cancel{3}}}{\underset{14}{\cancel{42}}\times\underset{2}{\cancel{22}}}=\frac{1}{28}$

(6) $\frac{8}{39}\times\frac{13}{14}=\frac{\overset{4}{\cancel{8}}\times\overset{1}{\cancel{13}}}{\underset{3}{\cancel{39}}\times\underset{7}{\cancel{14}}}=\frac{4}{21}$

(1)もとの式のxに11.1をあてはめると、
$11.1-5.1=6$
(2)もとの式のxに8.8をあてはめると、
$8.8-5.1=3.7$

22 分数のかけ算④

45ページ

❶ (1) $\frac{3}{2}\left(1\frac{1}{2}\right)$　(2) $\frac{5}{3}\left(1\frac{2}{3}\right)$　(3) $\frac{1}{2}$
(4) $\frac{10}{3}\left(3\frac{1}{3}\right)$　(5) $\frac{9}{5}\left(1\frac{4}{5}\right)$
(6) $\frac{18}{7}\left(2\frac{4}{7}\right)$　(7) $\frac{13}{4}\left(3\frac{1}{4}\right)$
(8) $\frac{6}{5}\left(1\frac{1}{5}\right)$

❷ (1) 6　(2) 15　(3) 2　(4) $\frac{14}{3}\left(4\frac{2}{3}\right)$
(5) $\frac{16}{5}\left(3\frac{1}{5}\right)$　(6) $\frac{50}{3}\left(16\frac{2}{3}\right)$

(1) 21　(2) 19.6

まちがえたら、解き直しましょう。

ポイント

❶整数に分数をかける計算は、整数を分数に直して、分母どうし、分子どうしをかけます。分数×整数と考えて、分子に整数をかけて分母はそのままにして計算してもよいです。また、答えは、それ以上約分できない形で答えるようにしましょう。

(1) $7\times\frac{3}{14}=\frac{7}{1}\times\frac{3}{14}=\frac{\overset{1}{\cancel{7}}\times3}{1\times\underset{2}{\cancel{14}}}=\frac{3}{2}$

(4) $8\times\frac{5}{12}=\frac{8}{1}\times\frac{5}{12}=\frac{\overset{2}{\cancel{8}}\times5}{1\times\underset{3}{\cancel{12}}}=\frac{10}{3}$

❷(1) $16\times\frac{3}{8}=\frac{16}{1}\times\frac{3}{8}=\frac{\overset{2}{\cancel{16}}\times3}{1\times\underset{1}{\cancel{8}}}=6$

(4) $16\times\frac{7}{24}=\frac{16}{1}\times\frac{7}{24}=\frac{\overset{2}{\cancel{16}}\times7}{1\times\underset{3}{\cancel{24}}}=\frac{14}{3}$

(1)もとの式のxに6をあてはめると、
$6\times3.5=21$
(2)もとの式のxに5.6をあてはめると、
$5.6\times3.5=19.6$

23 分数のかけ算⑤

47ページ

❶ (1) $\frac{9}{4}$　(2) $\frac{18}{5}$　(3) $\frac{55}{9}$　(4) $\frac{19}{8}$
(5) $\frac{29}{5}$　(6) $\frac{68}{9}$　(7) $\frac{83}{10}$　(8) $\frac{55}{12}$

❷ (1) $\frac{20}{9}\left(2\frac{2}{9}\right)$　(2) $\frac{28}{3}\left(9\frac{1}{3}\right)$　(3) 18
(4) $\frac{98}{3}\left(32\frac{2}{3}\right)$　(5) $\frac{17}{2}\left(8\frac{1}{2}\right)$
(6) $\frac{93}{2}\left(46\frac{1}{2}\right)$

(1) 9　(2) 1.25

まちがえたら、解き直しましょう。

ポイント

❶(1) $4\times2+1=9$より、$\frac{9}{4}$

(2) $5\times3+3=18$より、$\frac{18}{5}$

❷帯分数は仮分数に直してから計算します。分数に整数をかける計算は、分子に整数をかけて分母はそのままにします。また、約分できるときは、と中で約分しましょう。

(1) $1\frac{1}{9}\times2=\frac{10}{9}\times2=\frac{10\times2}{9}=\frac{20}{9}$

(3) $3\frac{3}{5}\times5=\frac{18}{5}\times5=\frac{18\times\overset{1}{\cancel{5}}}{\underset{1}{\cancel{5}}}=18$

(4) $4\frac{1}{12}\times8=\frac{49}{12}\times8=\frac{49\times\overset{2}{\cancel{8}}}{\underset{3}{\cancel{12}}}=\frac{98}{3}$

(1)もとの式のxに7.2をあてはめると、
$7.2\div0.8=9$
(2)もとの式のxに1をあてはめると、
$1\div0.8=1.25$

24 分数のかけ算⑥

49ページ

❶ (1) $\frac{16}{35}$　(2) $\frac{25}{16}\left(1\frac{9}{16}\right)$　(3) $\frac{28}{9}\left(3\frac{1}{9}\right)$

(4) $\frac{48}{35}\left(1\frac{13}{35}\right)$　(5) $\frac{27}{2}\left(13\frac{1}{2}\right)$

(6) $\frac{35}{3}\left(11\frac{2}{3}\right)$　(7) $\frac{39}{35}\left(1\frac{4}{35}\right)$

(8) $\frac{40}{21}\left(1\frac{19}{21}\right)$

❷ (1) $\frac{44}{21}\left(2\frac{2}{21}\right)$　(2) $\frac{108}{35}\left(3\frac{3}{35}\right)$

(3) $\frac{143}{72}\left(1\frac{71}{72}\right)$　(4) $\frac{88}{9}\left(9\frac{7}{9}\right)$

(5) $\frac{81}{22}\left(3\frac{15}{22}\right)$　(6) $\frac{65}{12}\left(5\frac{5}{12}\right)$

(1) 3.1　(2) 0.7

まちがえたら、解き直しましょう。

ポイント

❶帯分数は仮分数に直してから計算します。分数に分数をかける計算は、分母どうし、分子どうしをかけます。

(1) $1\frac{1}{7}\times\frac{2}{5}=\frac{8}{7}\times\frac{2}{5}=\frac{16}{35}$

(3) $1\frac{1}{3}\times2\frac{1}{3}=\frac{4}{3}\times\frac{7}{3}=\frac{28}{9}$

(5) $3\times4\frac{1}{2}=\frac{3}{1}\times\frac{9}{2}=\frac{27}{2}$

❷(3) $1\frac{3}{8}\times1\frac{4}{9}=\frac{11}{8}\times\frac{13}{9}=\frac{143}{72}$

(1)もとの式のxに0.5をあてはめると
$0.5\times6.2=y$　よって$y=3.1$

(2)もとの式のyに4.34をあてはめると
$x\times6.2=4.34$　よって$x=4.34\div6.2=0.7$

25 分数のかけ算⑦

51ページ

❶ (1) $\frac{5}{4}\left(1\frac{1}{4}\right)$　(2) $\frac{4}{9}$　(3) $\frac{14}{3}\left(4\frac{2}{3}\right)$

(4) $\frac{10}{3}\left(3\frac{1}{3}\right)$　(5) $\frac{26}{3}\left(8\frac{2}{3}\right)$　(6) 22

(7) 3　(8) $\frac{39}{2}\left(19\frac{1}{2}\right)$

❷ (1) $\frac{46}{11}\left(4\frac{2}{11}\right)$　(2) $\frac{3}{2}\left(1\frac{1}{2}\right)$

(3) $\frac{15}{4}\left(3\frac{3}{4}\right)$　(4) $\frac{21}{2}\left(10\frac{1}{2}\right)$

(5) 10　(6) 9

(1) 21　(2) 36　(3) 24　(4) 60

まちがえたら、解き直しましょう。

ポイント

❶帯分数は仮分数に直してから計算します。分数に分数をかける計算は、分母どうし、分子どうしをかけます。また、約分できるときは、と中で約分しましょう。

(1) $1\frac{7}{8}\times\frac{2}{3}=\frac{15}{8}\times\frac{2}{3}=\frac{\cancel{15}^{5}\times\cancel{2}^{1}}{\cancel{8}_{4}\times\cancel{3}_{1}}=\frac{5}{4}$

(3) $3\frac{1}{2}\times1\frac{1}{3}=\frac{7}{2}\times\frac{4}{3}=\frac{7\times\cancel{4}^{2}}{\cancel{2}_{1}\times3}=\frac{14}{3}$

(5) $8\times1\frac{1}{12}=\frac{8}{1}\times\frac{13}{12}=\frac{\cancel{8}^{2}\times13}{1\times\cancel{12}_{3}}=\frac{26}{3}$

(6) $14\times1\frac{4}{7}=\frac{14}{1}\times\frac{11}{7}=\frac{\cancel{14}^{2}\times11}{1\times\cancel{7}_{1}}=22$

❷(3) $2\frac{7}{10}\times1\frac{7}{18}=\frac{27}{10}\times\frac{25}{18}=\frac{\cancel{27}^{3}\times\cancel{25}^{5}}{\cancel{10}_{2}\times\cancel{18}_{2}}$
$=\frac{15}{4}$

(3) 2と3の最小公倍数は6、6と8の最小公倍数は24です。
(4) 4と10の最小公倍数は20、20と15の最小公倍数は60です。

26 まとめのテスト❺

53ページ

❶ (1) $\frac{10}{99}$　(2) $\frac{21}{40}$　(3) $\frac{5}{24}$

(4) $\frac{8}{3}\left(2\frac{2}{3}\right)$　(5) $\frac{3}{10}$　(6) $\frac{5}{14}$

(7) $\frac{4}{15}$　(8) 16

❷ (1) $\frac{2}{3}$　(2) $\frac{16}{63}$　(3) $\frac{9}{10}$

(4) $\frac{55}{9}\left(6\frac{1}{9}\right)$

❸ 式… $\frac{2}{25}\times\frac{5}{2}=\frac{1}{5}$　答え… $\frac{1}{5}$ km

ポイント

❶分数に分数をかける計算は、分母どうし、分子どうしをかけます。また、約分できるときは、と中で約分しましょう。

(1) $\frac{5}{11}\times\frac{2}{9}=\frac{5\times2}{11\times9}=\frac{10}{99}$

(4) $4\times\frac{2}{3}=\frac{4}{1}\times\frac{2}{3}=\frac{8}{3}$

(5) $\frac{3}{4}\times\frac{2}{5}=\frac{3\times\overset{1}{\cancel{2}}}{\underset{2}{\cancel{4}}\times5}=\frac{3}{10}$

❷(1) $\frac{9}{11}\times\frac{22}{27}=\frac{\overset{1}{\cancel{9}}\times\overset{2}{\cancel{22}}}{\underset{1}{\cancel{11}}\times\underset{3}{\cancel{27}}}=\frac{2}{3}$

❸（道のり）＝（速さ）×（時間）で求めます。

分速 $\frac{2}{25}$ kmで歩く人が、$\frac{5}{2}$ 分間で進む道のりは、

$\frac{2}{25}\times\frac{5}{2}=\frac{\overset{1}{\cancel{2}}\times\overset{1}{\cancel{5}}}{\underset{5}{\cancel{25}}\times\underset{1}{\cancel{2}}}=\frac{1}{5}$ より、$\frac{1}{5}$ kmとなります。

27 まとめのテスト⑥ 55ページ

55ページ

❶ (1) $\frac{37}{5}$　(2) $\frac{53}{12}$

❷ (1) $\frac{42}{5}\left(8\frac{2}{5}\right)$　(2) $\frac{45}{16}\left(2\frac{13}{16}\right)$
(3) $\frac{15}{8}\left(1\frac{7}{8}\right)$　(4) 28　(5) $\frac{63}{25}\left(2\frac{13}{25}\right)$
(6) 6

❸ (1) 72　(2) $\frac{10}{7}\left(1\frac{3}{7}\right)$　(3) $\frac{15}{2}\left(7\frac{1}{2}\right)$
(4) $\frac{28}{9}\left(3\frac{1}{9}\right)$

❹ 式…$2\frac{4}{7}\times1\frac{8}{27}=\frac{10}{3}\left(=3\frac{1}{3}\right)$

答え…$\frac{10}{3}m^2\left(3\frac{1}{3}m^2\right)$

ポイント

❶(1) 5×7+2＝37より、$\frac{37}{5}$

❷帯分数は仮分数に直してから計算します。

(1) $1\frac{2}{5}\times6=\frac{7}{5}\times6=\frac{7\times6}{5}=\frac{42}{5}$

(3) $\frac{5}{12}\times4\frac{1}{2}=\frac{5}{12}\times\frac{9}{2}=\frac{5\times\overset{3}{\cancel{9}}}{\underset{4}{\cancel{12}}\times2}=\frac{15}{8}$

(4) $12\times2\frac{1}{3}=\frac{12}{1}\times\frac{7}{3}=\frac{\overset{4}{\cancel{12}}\times7}{1\times\underset{1}{\cancel{3}}}=28$

❸(3) $4\frac{1}{6}\times1\frac{4}{5}=\frac{25}{6}\times\frac{9}{5}=\frac{\overset{5}{\cancel{25}}\times\overset{3}{\cancel{9}}}{\underset{2}{\cancel{6}}\times\underset{1}{\cancel{5}}}=\frac{15}{2}$

❹（1Lでぬれる面積）×（ペンキの量）で求めることができるので、$2\frac{4}{7}\times1\frac{8}{27}=\frac{10}{3}$ より、$\frac{10}{3}m^2$ となります。

28 計算のくふう① 57ページ

57ページ

❶ (1) $\frac{3}{4}$　(2) $\frac{7}{25}$　(3) $\frac{11}{12}$　(4) $\frac{2}{5}$
(5) $\frac{7}{18}$

❷ (1) $\frac{1}{5}$　(2) $\frac{5}{14}$　(3) $2\frac{1}{4}\left(\frac{9}{4}\right)$
(4) $3\frac{1}{2}\left(\frac{7}{2}\right)$

(1) 2　(2) 5　(3) 12　(4) 9

まちがえたら、解き直しましょう。

ポイント

❶(a×b)×c＝a×(b×c)という計算のきまりを使います。

(1) $\frac{3}{4}\times\left(\frac{5}{7}\times\frac{7}{5}\right)=\frac{3}{4}\times1=\frac{3}{4}$

(2) $\frac{7}{25}\times\left(\frac{9}{8}\times\frac{8}{9}\right)=\frac{7}{25}\times1=\frac{7}{25}$

(3) $\frac{11}{12}\times\left(\frac{3}{13}\times\frac{13}{3}\right)=\frac{11}{12}\times1=\frac{11}{12}$

(4) $\frac{2}{5}\times\frac{8}{3}\times\frac{3}{8}=\frac{2}{5}\times\left(\frac{8}{3}\times\frac{3}{8}\right)=\frac{2}{5}\times1=\frac{2}{5}$

(5) $\frac{7}{18}\times\frac{5}{9}\times\frac{9}{5}=\frac{7}{18}\times\left(\frac{5}{9}\times\frac{9}{5}\right)=\frac{7}{18}\times1$
$=\frac{7}{18}$

❷a×b＝b×aという計算のきまりを使います。

(1) $\frac{2}{3}\times\frac{3}{2}\times\frac{1}{5}=1\times\frac{1}{5}=\frac{1}{5}$

(2) $\frac{2}{9}\times\frac{9}{2}\times\frac{5}{14}=1\times\frac{5}{14}=\frac{5}{14}$

(3) $\frac{18}{7}\times2\frac{1}{4}\times\frac{7}{18}=\frac{18}{7}\times\frac{7}{18}\times2\frac{1}{4}$
$=1\times2\frac{1}{4}=2\frac{1}{4}\left(\frac{9}{4}\right)$

(4) $\frac{9}{11}\times3\frac{1}{2}\times\frac{11}{9}=\frac{9}{11}\times\frac{11}{9}\times3\frac{1}{2}$
$=1\times3\frac{1}{2}=3\frac{1}{2}\left(\frac{7}{2}\right)$

(1) 6の約数1、2、3、6のうち、8の約数でもある最大の数は2です。
(2) 15の約数1、3、5、15のうち、35の約数でもある最大の数は5です。
(3) 24の約数1、2、3、4、6、8、12、24のうち、36の約数でもある最大の数は12です。

(4) 18の約数1、2、3、6、9、18のうち、45の約数でもあり81の約数でもある最大の数は9です。

29 計算のくふう② 59ページ

❶ (1) 7　(2) 11　(3) 7　(4) 41　(5) 1

❷ (1) $\frac{1}{3}$　(2) $\frac{5}{6}$　(3) $2\frac{1}{4}\left(\frac{9}{4}\right)$

(1) $\frac{1}{2}$　(2) $\frac{2}{3}$　(3) $\frac{4}{5}$　(4) $\frac{2}{3}$

まちがえたら、解き直しましょう。

ポイント

❶ (a+b)×c=a×c+b×cや(a−b)×c=a×c−b×cという計算のきまりを使います。

(1) $\frac{1}{2}\times6+\frac{2}{3}\times6=3+4=7$

(2) $\frac{3}{4}\times8+\frac{5}{8}\times8=6+5=11$

(3) $\frac{5}{6}\times12-\frac{1}{4}\times12=10-3=7$

(4) $21\times\frac{2}{7}+21\times\frac{5}{3}=6+35=41$

(5) $15\times\frac{2}{3}-15\times\frac{3}{5}=10-9=1$

❷ a×c+b×c=(a+b)×cやa×c−b×c=(a−b)×cという計算のきまりを使います。

(1) $\left(\frac{5}{12}+\frac{7}{12}\right)\times\frac{1}{3}=1\times\frac{1}{3}=\frac{1}{3}$

(2) $\left(\frac{13}{7}-\frac{6}{7}\right)\times\frac{5}{6}=1\times\frac{5}{6}=\frac{5}{6}$

(3) $\left(\frac{11}{18}+\frac{7}{18}\right)\times2\frac{1}{4}=1\times2\frac{1}{4}=2\frac{1}{4}\left(\frac{9}{4}\right)$

(1) $\frac{5\div5}{10\div5}=\frac{1}{2}$

(2) $\frac{8\div4}{12\div4}=\frac{2}{3}$

(3) $\frac{20\div5}{25\div5}=\frac{4}{5}$

(4) $\frac{24\div12}{36\div12}=\frac{2}{3}$

30 まとめのテスト⑦ 61ページ

❶ (1) $\frac{8}{9}$　(2) $\frac{3}{4}$　(3) $\frac{2}{11}$

(4) $2\frac{1}{5}\left(\frac{11}{5}\right)$

❷ (1) 31　(2) $\frac{8}{9}$　(3) $\frac{5}{13}$

❸ 式… $1\frac{1}{4}\times1\frac{1}{8}\times\frac{8}{9}=1\frac{1}{4}\left(=\frac{5}{4}\right)$

答え… $1\frac{1}{4}$cm^3 $\left(\frac{5}{4}\text{cm}^3\right)$

ポイント

❶ (a×b)×c=a×(b×c)やa×b=b×aという計算のきまりを使います。

(1) $\frac{2}{7}\times\frac{7}{2}\times\frac{8}{9}=1\times\frac{8}{9}=\frac{8}{9}$

(2) $\frac{13}{6}\times\frac{3}{4}\times\frac{6}{13}=\frac{13}{6}\times\frac{6}{13}\times\frac{3}{4}=1\times\frac{3}{4}$
$=\frac{3}{4}$

(3) $\frac{2}{11}\times\frac{16}{3}\times\frac{3}{16}=\frac{2}{11}\times\left(\frac{16}{3}\times\frac{3}{16}\right)$
$=\frac{2}{11}\times1=\frac{2}{11}$

(4) $\frac{14}{3}\times2\frac{1}{5}\times\frac{3}{14}=\frac{14}{3}\times\frac{3}{14}\times2\frac{1}{5}$
$=1\times2\frac{1}{5}=2\frac{1}{5}\left(\frac{11}{5}\right)$

❷ a×c+b×c=(a+b)×cやa×c−b×c=(a−b)×cという計算のきまりを使います。

(1) $\frac{2}{9}\times45+\frac{7}{15}\times45=10+21=31$

(2) $\left(\frac{7}{15}+\frac{8}{15}\right)\times\frac{8}{9}=1\times\frac{8}{9}=\frac{8}{9}$

(3) $\left(\frac{7}{4}-\frac{3}{4}\right)\times\frac{5}{13}=1\times\frac{5}{13}=\frac{5}{13}$

❸ 直方体の体積は(縦(たて)の長さ)×(横の長さ)×(高さ)で求めることができます。よって、

$1\frac{1}{4}\times1\frac{1}{8}\times\frac{8}{9}=1\frac{1}{4}\times\frac{9}{8}\times\frac{8}{9}$
$=1\frac{1}{4}\times\left(\frac{9}{8}\times\frac{8}{9}\right)=1\frac{1}{4}\times1=1\frac{1}{4}$より、

$1\frac{1}{4}$cm^{3}となります。

31 逆数 　63ページ

❶ (1) $\frac{9}{2}\left(4\frac{1}{2}\right)$　(2) $\frac{6}{5}\left(1\frac{1}{5}\right)$　(3) $\frac{2}{7}$

(4) 6　(5) 18　(6) $\frac{3}{8}$

(7) $\frac{6}{7}$　(8) $\frac{7}{23}$

❷ (1) $\frac{1}{4}$　(2) $\frac{1}{9}$　(3) $\frac{10}{23}$

(4) $\frac{10}{7}\left(1\frac{3}{7}\right)$　(5) $\frac{5}{17}$　(6) 2

(1) $<$　(2) $<$

まちがえたら、解き直しましょう。

ポイント

❶帯分数は仮分数に直して考えます。真分数や仮分数の逆数は、分子と分母を入れかえた分数になります。

(4) $\frac{1}{6}$の逆数は$\frac{6}{1}=6$

(6) $2\frac{2}{3}=\frac{8}{3}$より、$\frac{8}{3}$の逆数は$\frac{3}{8}$

❷整数や小数は真分数や仮分数に直して考えます。

(1) $4=\frac{4}{1}$より、$\frac{4}{1}$の逆数は$\frac{1}{4}$

(3) $2.3=\frac{23}{10}$より、$\frac{23}{10}$の逆数は$\frac{10}{23}$

(5) $3.4=\frac{34}{10}=\frac{17}{5}$より、$\frac{17}{5}$の逆数は$\frac{5}{17}$

(6) $0.5=\frac{5}{10}=\frac{1}{2}$より、$\frac{1}{2}$の逆数は$\frac{2}{1}=2$

分数を通分して比べます。

(1) $\frac{2}{3}=\frac{4}{6}$で、$\frac{4}{6}<\frac{5}{6}$なので、$\frac{2}{3}<\frac{5}{6}$

(2) $\frac{7}{12}=\frac{14}{24}$、$\frac{5}{8}=\frac{15}{24}$で、$\frac{14}{24}<\frac{15}{24}$なので、$\frac{7}{12}<\frac{5}{8}$

32 分数のわり算① 　65ページ

❶ (1) $\frac{5}{14}$　(2) $\frac{9}{16}$　(3) $\frac{49}{44}\left(1\frac{5}{44}\right)$

(4) $\frac{10}{39}$　(5) $\frac{14}{27}$　(6) $\frac{16}{27}$

(7) $\frac{35}{12}\left(2\frac{11}{12}\right)$　(8) $\frac{45}{32}\left(1\frac{13}{32}\right)$

❷ (1) $\frac{35}{12}\left(2\frac{11}{12}\right)$　(2) $\frac{33}{20}\left(1\frac{13}{20}\right)$

(3) $\frac{36}{65}$　(4) $\frac{33}{68}$　(5) $\frac{95}{48}\left(1\frac{47}{48}\right)$

(6) $\frac{91}{108}$

(1) $\frac{35}{36}$　(2) $\frac{45}{88}$

まちがえたら、解き直しましょう。

ポイント

❶分数のわり算は、わる数を逆数に変えて、かけ算に直して計算しましょう。

(1) $\frac{1}{7}\div\frac{2}{5}=\frac{1}{7}\times\frac{5}{2}=\frac{1\times5}{7\times2}=\frac{5}{14}$

(4) $\frac{2}{13}\div\frac{3}{5}=\frac{2}{13}\times\frac{5}{3}=\frac{2\times5}{13\times3}=\frac{10}{39}$

❷(2) $\frac{3}{10}\div\frac{2}{11}=\frac{3}{10}\times\frac{11}{2}=\frac{33}{20}$

分数に分数をかける計算は、分母どうし、分子どうしをかけます。

(1) $\frac{7}{9}\times\frac{5}{4}=\frac{7\times5}{9\times4}=\frac{35}{36}$

(2) $\frac{15}{8}\times\frac{3}{11}=\frac{15\times3}{8\times11}=\frac{45}{88}$

33 分数のわり算② 　67ページ

❶ (1) $\frac{14}{3}\left(4\frac{2}{3}\right)$　(2) $\frac{8}{9}$　(3) $\frac{16}{3}\left(5\frac{1}{3}\right)$

(4) $\frac{12}{5}\left(2\frac{2}{5}\right)$　(5) $\frac{35}{9}\left(3\frac{8}{9}\right)$　(6) $\frac{14}{17}$

(7) $\frac{24}{5}\left(4\frac{4}{5}\right)$　(8) $\frac{18}{7}\left(2\frac{4}{7}\right)$

❷ (1) $\frac{44}{7}\left(6\frac{2}{7}\right)$　(2) $\frac{39}{40}$

(3) $\frac{75}{31}\left(2\frac{13}{31}\right)$　(4) $\frac{52}{7}\left(7\frac{3}{7}\right)$

(5) $\frac{88}{35}\left(2\frac{18}{35}\right)$　(6) $\frac{98}{25}\left(3\frac{23}{25}\right)$

(1) $\frac{12}{5}\left(2\frac{2}{5}\right)$　(2) $\frac{84}{55}\left(1\frac{29}{55}\right)$

まちがえたら、解き直しましょう。

ポイント

❶整数は仮分数に直します。分数のわり算は、わる数を逆数に変えて、かけ算に直して計算しましょう。

(1) $7\div\frac{3}{2}=\frac{7}{1}\times\frac{2}{3}=\frac{7\times2}{1\times3}=\frac{14}{3}$

(6) $7\div\frac{17}{2}=\frac{7}{1}\times\frac{2}{17}=\frac{14}{17}$

❷(2) $3\div\frac{40}{13}=\frac{3}{1}\times\frac{13}{40}=\frac{39}{40}$

(5) $22\div\frac{35}{4}=\frac{22}{1}\times\frac{4}{35}=\frac{88}{35}$

整数に分数をかける計算は、整数を分数に直して、分母どうし、分子どうしをかけます。分数×整数と考えて、分子に整数をかけて分母はそのままにして計算してもよいです。

(1) $6\times\frac{2}{5}=\frac{6}{1}\times\frac{2}{5}=\frac{6\times2}{1\times5}=\frac{12}{5}$

(2) $12\times\frac{7}{55}=\frac{12}{1}\times\frac{7}{55}=\frac{12\times7}{1\times55}=\frac{84}{55}$

34 分数のわり算③

69ページ

❶ (1) $\frac{1}{14}$　(2) $\frac{1}{4}$　(3) $\frac{2}{5}$　(4) $\frac{5}{24}$

(5) $\frac{10}{27}$　(6) $\frac{7}{18}$　(7) $\frac{1}{8}$　(8) $\frac{2}{3}$

❷ (1) $\frac{4}{3}\left(1\frac{1}{3}\right)$　(2) $\frac{3}{8}$　(3) $\frac{4}{3}\left(1\frac{1}{3}\right)$

(4) $\frac{2}{9}$　(5) $\frac{4}{21}$　(6) $\frac{9}{20}$

(1) $\frac{11}{32}$　(2) $\frac{4}{15}$

まちがえたら、解き直しましょう。

ポイント

❶分数のわり算は、わる数を逆数に変えて、かけ算に直して計算します。また、約分できるときは、と中で約分しましょう。

(1) $\frac{1}{4}\div\frac{7}{2}=\frac{1}{4}\times\frac{2}{7}=\frac{1\times2}{4\times7}=\frac{1}{14}$

(6) $\frac{7}{15}\div\frac{6}{5}=\frac{7}{15}\times\frac{5}{6}=\frac{7\times5}{15\times6}=\frac{7}{18}$

❷(1) $\frac{3}{5}\div\frac{9}{20}=\frac{3}{5}\times\frac{20}{9}=\frac{3\times20}{5\times9}=\frac{4}{3}$

(5) $\frac{7}{45}\div\frac{49}{60}=\frac{7}{45}\times\frac{60}{49}=\frac{7\times60}{45\times49}=\frac{4}{21}$

分数に分数をかける計算は、分母どうし、分子どうしをかけます。また、約分できるときはと中で約分しましょう。

(1) $\frac{3}{8}\times\frac{11}{12}=\frac{3\times11}{8\times12}=\frac{11}{32}$

(2) $\frac{9}{25}\times\frac{20}{27}=\frac{9\times20}{25\times27}=\frac{4}{15}$

35 分数のわり算④

71ページ

❶ (1) $\frac{5}{2}\left(2\frac{1}{2}\right)$　(2) $\frac{11}{2}\left(5\frac{1}{2}\right)$

(3) $\frac{13}{2}\left(6\frac{1}{2}\right)$　(4) $\frac{8}{3}\left(2\frac{2}{3}\right)$

(5) $\frac{9}{5}\left(1\frac{4}{5}\right)$　(6) $\frac{16}{5}\left(3\frac{1}{5}\right)$

(7) $\frac{28}{3}\left(9\frac{1}{3}\right)$　(8) $\frac{9}{2}\left(4\frac{1}{2}\right)$

❷ (1) 18　(2) 90　(3) 20

(4) $\frac{14}{3}\left(4\frac{2}{3}\right)$　(5) $\frac{85}{2}\left(42\frac{1}{2}\right)$

(6) $\frac{69}{5}\left(13\frac{4}{5}\right)$

(1) 8　(2) $\frac{10}{3}\left(3\frac{1}{3}\right)$

まちがえたら、解き直しましょう。

ポイント

❶整数は分数に直します。分数のわり算は、わる数を逆数に変えて、かけ算に直して計算します。また、約分できるときは、と中で約分しましょう。

(1) $6\div\frac{12}{5}=\frac{6}{1}\times\frac{5}{12}=\frac{6\times5}{1\times12}=\frac{5}{2}$

(4) $10\div\frac{15}{4}=\frac{10}{1}\times\frac{4}{15}=\frac{10\times4}{1\times15}=\frac{8}{3}$

❷(1) $14\div\frac{7}{9}=\frac{14}{1}\times\frac{9}{7}=\frac{14\times9}{1\times7}=18$

(6) $27\div\frac{45}{23}=\frac{27}{1}\times\frac{23}{45}=\frac{\overset{3}{\cancel{27}}\times 23}{1\times\underset{5}{\cancel{45}}}=\frac{69}{5}$

整数に分数をかける計算は、整数を分数に直して、分母どうし、分子どうしをかけます。分数×整数と考えて、分子に整数をかけて分母はそのままにして計算してもよいです。また、約分できるときはと中で約分しましょう。

(1) $30\times\frac{4}{15}=\frac{30}{1}\times\frac{4}{15}=\frac{\overset{2}{\cancel{30}}\times 4}{1\times\underset{1}{\cancel{15}}}=8$

(2) $24\times\frac{5}{36}=\frac{24}{1}\times\frac{5}{36}=\frac{\overset{2}{\cancel{24}}\times 5}{1\times\underset{3}{\cancel{36}}}=\frac{10}{3}$

36 分数のわり算⑤ 73ページ

❶ (1) $\frac{10}{3}$ (2) $\frac{17}{7}$ (3) $\frac{24}{5}$ (4) $\frac{31}{8}$
(5) $\frac{13}{2}$ (6) $\frac{31}{4}$ (7) $\frac{89}{9}$ (8) $\frac{45}{13}$

❷ (1) $\frac{7}{12}$ (2) $\frac{5}{12}$ (3) $\frac{15}{28}$ (4) $\frac{3}{8}$
(5) $\frac{4}{15}$ (6) $\frac{2}{21}$

$2\frac{1}{4}\left(\frac{9}{4}\right)$

まちがえたら、解き直しましょう。

ポイント

❶(1) $3\times 3+1=10$より、$3\frac{1}{3}=\frac{10}{3}$

(6) $4\times 7+3=31$より、$7\frac{3}{4}=\frac{31}{4}$

❷(1) $1\frac{1}{6}\div 2=\frac{7}{6}\div 2=\frac{7}{6\times 2}=\frac{7}{12}$

(3) $2\frac{1}{7}\div 4=\frac{15}{7}\div 4=\frac{15}{7\times 4}=\frac{15}{28}$

(4) $2\frac{5}{8}\div 7=\frac{21}{8}\div 7=\frac{\overset{3}{\cancel{21}}}{8\times\underset{1}{\cancel{7}}}=\frac{3}{8}$

(5) $1\frac{3}{5}\div 6=\frac{8}{5}\div 6=\frac{\overset{4}{\cancel{8}}}{5\times\underset{3}{\cancel{6}}}=\frac{4}{15}$

$a\times b=b\times a$という計算のきまりを使います。

$\frac{3}{11}\times 2\frac{1}{4}\times\frac{11}{3}=\frac{3}{11}\times\frac{11}{3}\times 2\frac{1}{4}=1\times 2\frac{1}{4}$
$=2\frac{1}{4}$

37 分数のわり算⑥ 75ページ

❶ (1) $\frac{35}{6}\left(5\frac{5}{6}\right)$ (2) $\frac{80}{21}\left(3\frac{17}{21}\right)$ (3) $\frac{7}{48}$
(4) $\frac{48}{65}$ (5) $\frac{27}{44}$ (6) $\frac{26}{35}$
(7) $\frac{35}{24}\left(1\frac{11}{24}\right)$ (8) $\frac{33}{56}$

❷ (1) $\frac{40}{81}$ (2) $\frac{77}{48}\left(1\frac{29}{48}\right)$ (3) $\frac{65}{98}$
(4) $\frac{104}{135}$ (5) $\frac{51}{88}$ (6) $\frac{126}{121}\left(1\frac{5}{121}\right)$

13

まちがえたら、解き直しましょう。

ポイント

❶帯分数は仮分数に直して計算します。分数のわり算は、わる数を逆数に変えて、かけ算に直して計算します。

(1) $3\frac{1}{2}\div\frac{3}{5}=\frac{7}{2}\times\frac{5}{3}=\frac{7\times 5}{2\times 3}=\frac{35}{6}$

(3) $\frac{1}{6}\div 1\frac{1}{7}=\frac{1}{6}\div\frac{8}{7}=\frac{1}{6}\times\frac{7}{8}=\frac{7}{48}$

(4) $2\frac{2}{5}\div 3\frac{1}{4}=\frac{12}{5}\div\frac{13}{4}=\frac{12}{5}\times\frac{4}{13}=\frac{48}{65}$

❷(1) $1\frac{1}{9}\div 2\frac{1}{4}=\frac{10}{9}\div\frac{9}{4}=\frac{10}{9}\times\frac{4}{9}=\frac{40}{81}$

$(a+b)\times c=a\times c+b\times c$という計算のきまりを使います。

$\frac{2}{3}\times 15+\frac{1}{5}\times 15=10+3=13$

38 分数のわり算⑦ 77ページ

❶ (1) $\frac{14}{5}\left(2\frac{4}{5}\right)$ (2) 6 (3) $\frac{2}{17}$ (4) $\frac{1}{4}$
(5) $\frac{9}{17}$ (6) $\frac{4}{3}\left(1\frac{1}{3}\right)$ (7) $\frac{3}{2}\left(1\frac{1}{2}\right)$
(8) $\frac{2}{3}$

❷ (1) $\frac{14}{15}$ (2) $\frac{5}{9}$ (3) $\frac{4}{15}$ (4) $\frac{2}{3}$
(5) $\frac{3}{4}$ (6) $\frac{4}{5}$

$1\frac{1}{7}\left(\frac{8}{7}\right)$

まちがえたら、解き直しましょう。

ポイント

❶帯分数は仮分数に直して計算します。分数のわり算は、わる数を逆数に変えて、かけ算に直して計算します。また、約分できるときは、と中で約分しましょう。

(1) $1\frac{3}{5}\div\frac{4}{7}=\frac{8}{5}\times\frac{7}{4}=\frac{\overset{2}{\cancel{8}}\times7}{5\times\underset{1}{\cancel{4}}}=\frac{14}{5}$

(2) $3\frac{1}{3}\div\frac{5}{9}=\frac{10}{3}\times\frac{9}{5}=\frac{\overset{2}{\cancel{10}}\times\overset{3}{\cancel{9}}}{\underset{1}{\cancel{3}}\times\underset{1}{\cancel{5}}}=6$

(3) $\frac{1}{7}\div1\frac{3}{14}=\frac{1}{7}\div\frac{17}{14}=\frac{1}{7}\times\frac{14}{17}=\frac{1\times\overset{2}{\cancel{14}}}{\underset{1}{\cancel{7}}\times17}$

$=\frac{2}{17}$

❷(1) $2\frac{2}{5}\div2\frac{4}{7}=\frac{12}{5}\div\frac{18}{7}=\frac{12}{5}\times\frac{7}{18}$

$=\frac{\overset{2}{\cancel{12}}\times7}{5\times\underset{3}{\cancel{18}}}=\frac{14}{15}$

$a\times c+b\times c=(a+b)\times c$ という計算のきまりを使います。

$\left(\frac{10}{21}+\frac{11}{21}\right)\times1\frac{1}{7}=1\times1\frac{1}{7}=1\frac{1}{7}$

39 まとめのテスト⑧

79ページ

❶ (1) $\frac{48}{7}\left(6\frac{6}{7}\right)$　(2) $\frac{10}{3}\left(3\frac{1}{3}\right)$　(3) 6

(4) $\frac{21}{2}\left(10\frac{1}{2}\right)$　(5) $\frac{25}{42}$　(6) $\frac{77}{96}$

(7) $\frac{1}{4}$　(8) $\frac{3}{8}$

❷ (1) $\frac{15}{2}\left(7\frac{1}{2}\right)$　(2) $\frac{5}{2}\left(2\frac{1}{2}\right)$

(3) $\frac{9}{4}\left(2\frac{1}{4}\right)$　(4) $\frac{2}{21}$

❸ 式…$\frac{21}{4}\div\frac{5}{8}=\frac{42}{5}\left(=8\frac{2}{5}\right)$

答え…**時速**$\frac{42}{5}$km（**時速**$8\frac{2}{5}$km）

ポイント

❶分数のわり算は、わる数を逆数に変えて、かけ算に直して計算します。また、約分できるときは、と中で約分しましょう。

(1) $6\div\frac{7}{8}=\frac{6}{1}\times\frac{8}{7}=\frac{48}{7}$

(3) $8\div\frac{4}{3}=\frac{8}{1}\times\frac{3}{4}=\frac{\overset{2}{\cancel{8}}\times3}{1\times\underset{1}{\cancel{4}}}=6$

(5) $\frac{5}{6}\div\frac{7}{5}=\frac{5}{6}\times\frac{5}{7}=\frac{25}{42}$

(7) $\frac{1}{14}\div\frac{2}{7}=\frac{1}{14}\times\frac{7}{2}=\frac{1\times\overset{1}{\cancel{7}}}{\underset{2}{\cancel{14}}\times2}=\frac{1}{4}$

❷(1) $\frac{25}{16}\div\frac{5}{24}=\frac{25}{16}\times\frac{24}{5}=\frac{\overset{5}{\cancel{25}}\times\overset{3}{\cancel{24}}}{\underset{2}{\cancel{16}}\times\underset{1}{\cancel{5}}}=\frac{15}{2}$

❸（速さ）＝（道のり）÷（時間）なので、

$\frac{21}{4}\div\frac{5}{8}=\frac{21}{4}\times\frac{8}{5}=\frac{21\times\overset{2}{\cancel{8}}}{\underset{1}{\cancel{4}}\times5}=\frac{42}{5}$ より、

時速$\frac{42}{5}$km

40 まとめのテスト⑨

81ページ

❶ (1) $\frac{37}{8}$　(2) $\frac{49}{15}$

❷ (1) $\frac{3}{5}$　(2) $\frac{5}{42}$　(3) $\frac{45}{2}\left(22\frac{1}{2}\right)$

(4) $\frac{21}{4}\left(5\frac{1}{4}\right)$　(5) $\frac{5}{54}$　(6) $\frac{2}{15}$

❸ (1) $\frac{4}{9}$　(2) $\frac{27}{32}$　(3) $\frac{6}{5}\left(1\frac{1}{5}\right)$　(4) $\frac{4}{9}$

❹ 式…$18\frac{4}{7}\div5\frac{5}{14}=\frac{52}{15}\left(=3\frac{7}{15}\right)$

答え…$\frac{52}{15}$m$\left(3\frac{7}{15}\text{m}\right)$

ポイント

❶(1) $8\times4+5=37$ より、$4\frac{5}{8}=\frac{37}{8}$

❷帯分数は仮分数に直して計算します。分数のわり算は、わる数を逆数に変えて、かけ算に直して計算します。

(1) $3\frac{3}{5}\div6=\frac{18}{5}\div6=\frac{\overset{3}{\cancel{18}}}{5\times\underset{1}{\cancel{6}}}=\frac{3}{5}$

(3) $13\frac{1}{3}\div\frac{16}{27}=\frac{40}{3}\div\frac{16}{27}=\frac{40}{3}\times\frac{27}{16}$

$=\frac{\overset{5}{\cancel{40}}\times\overset{9}{\cancel{27}}}{\underset{1}{\cancel{3}}\times\underset{2}{\cancel{16}}}=\frac{45}{2}$

❸(1) $2\frac{4}{9}\div5\frac{1}{2}=\frac{22}{9}\div\frac{11}{2}=\frac{22}{9}\times\frac{2}{11}$

$=\frac{\overset{2}{\cancel{22}}\times2}{9\times\underset{1}{\cancel{11}}}=\frac{4}{9}$

❹横の長さは、(面積)÷(縦の長さ)で求めます。

よって、$18\frac{4}{7}\div5\frac{5}{14}=\frac{130}{7}\div\frac{75}{14}$

$=\frac{130}{7}\times\frac{14}{75}=\frac{\overset{26}{\cancel{130}}\times\overset{2}{\cancel{14}}}{\underset{1}{\cancel{7}}\times\underset{15}{\cancel{75}}}=\frac{52}{15}$ より、

$\frac{52}{15}$m

41 分数と小数の計算① 83ページ

❶ (1) $\frac{7}{10}$ (2) $\frac{3}{2}\left(1\frac{1}{2}\right)$ (3) $\frac{23}{10}\left(2\frac{3}{10}\right)$
(4) $\frac{37}{10}\left(3\frac{7}{10}\right)$ (5) $\frac{2}{5}$ (6) $\frac{14}{5}\left(2\frac{4}{5}\right)$
(7) $\frac{9}{2}\left(4\frac{1}{2}\right)$ (8) $\frac{29}{5}\left(5\frac{4}{5}\right)$

❷ (1) $\frac{19}{100}$ (2) $\frac{9}{25}$ (3) $\frac{13}{25}$ (4) $\frac{3}{4}$
(5) $\frac{117}{50}\left(2\frac{17}{50}\right)$ (6) $\frac{104}{25}\left(4\frac{4}{25}\right)$

(1) $\frac{11}{15}$ (2) $\frac{19}{24}$

まちがえたら、解き直しましょう。

ポイント

❶(1) 0.7は0.1が7個分より、$\frac{1}{10}$が7個分だから、

$0.7=\frac{7}{10}$

(2) 1.5は0.1が15個分より、$\frac{1}{10}$が15個分だから、$1.5=\frac{\overset{3}{\cancel{15}}}{\underset{2}{\cancel{10}}}=\frac{3}{2}$

❷(1) 0.19は0.01が19個分より、$\frac{1}{100}$が19個分だから、$0.19=\frac{19}{100}$

通分してから計算します。

(1) $\frac{2}{5}+\frac{1}{3}=\frac{6}{15}+\frac{5}{15}=\frac{11}{15}$

(2) $\frac{3}{8}+\frac{5}{12}=\frac{9}{24}+\frac{10}{24}=\frac{19}{24}$

42 分数と小数の計算② 85ページ

❶ (1) $\frac{7}{30}$ (2) $\frac{7}{60}$ (3) $\frac{9}{70}$ (4) $\frac{5}{6}$
(5) $\frac{12}{35}$ (6) $\frac{4}{45}$ (7) $\frac{4}{5}$ (8) $\frac{3}{25}$

❷ (1) $\frac{25}{18}\left(1\frac{7}{18}\right)$ (2) $\frac{35}{12}\left(2\frac{11}{12}\right)$
(3) $\frac{27}{35}$ (4) $\frac{33}{40}$ (5) $\frac{48}{55}$ (6) $\frac{56}{65}$

(1) $\frac{2}{3}$ (2) $\frac{7}{15}$

まちがえたら、解き直しましょう。

ポイント

❶小数を分数に直します。分数に分数をかける計算は、分母どうし、分子どうしをかけます。

(1) $\frac{7}{3}\times0.1=\frac{7}{3}\times\frac{1}{10}=\frac{7}{30}$

(4) $0.5\times\frac{5}{3}=\frac{1}{2}\times\frac{5}{3}=\frac{5}{6}$

(5) $0.6\times\frac{4}{7}=\frac{3}{5}\times\frac{4}{7}=\frac{12}{35}$

❷(3) $1.8\times\frac{3}{7}=\frac{9}{5}\times\frac{3}{7}=\frac{9\times3}{5\times7}=\frac{27}{35}$

(4) $1\frac{3}{8}\times0.6=\frac{11}{8}\times\frac{3}{5}=\frac{11\times3}{8\times5}=\frac{33}{40}$

通分してから計算します。

(1) $\frac{1}{4}+\frac{5}{12}=\frac{3}{12}+\frac{5}{12}=\frac{\overset{2}{\cancel{8}}}{\underset{3}{\cancel{12}}}=\frac{2}{3}$

(2) $\frac{1}{6}+\frac{3}{10}=\frac{5}{30}+\frac{9}{30}=\frac{\overset{7}{\cancel{14}}}{\underset{15}{\cancel{30}}}=\frac{7}{15}$

43 分数と小数の計算③　87ページ

❶ (1) $\frac{2}{5}$　(2) $\frac{3}{20}$　(3) $\frac{6}{5}\left(1\frac{1}{5}\right)$

(4) $\frac{12}{5}\left(2\frac{2}{5}\right)$　(5) $\frac{1}{20}$　(6) $\frac{7}{45}$

(7) $\frac{7}{8}$　(8) $\frac{5}{4}\left(1\frac{1}{4}\right)$

❷ (1) 7　(2) 2　(3) $\frac{36}{5}\left(7\frac{1}{5}\right)$

(4) $\frac{7}{3}\left(2\frac{1}{3}\right)$　(5) $\frac{26}{55}$　(6) $\frac{84}{65}\left(1\frac{19}{65}\right)$

🔄 (1) $\frac{11}{9}\left(1\frac{2}{9}\right)$　(2) $\frac{79}{20}\left(3\frac{19}{20}\right)$

まちがえたら、解き直しましょう。

ポイント

❶小数を分数に直します。分数に分数をかける計算は、分母どうし、分子どうしをかけます。また、約分できるときは、と中で約分しましょう。

(2) $\frac{1}{6}\times0.9=\frac{1}{6}\times\frac{9}{10}=\frac{1\times\overset{3}{\cancel{9}}}{\underset{2}{\cancel{6}}\times10}=\frac{3}{20}$

(3) $\frac{3}{4}\times1.6=\frac{3}{4}\times\frac{8}{5}=\frac{3\times\overset{2}{\cancel{8}}}{\underset{1}{\cancel{4}}\times5}=\frac{6}{5}$

❷(1) $\frac{5}{3}\times4.2=\frac{5}{3}\times\frac{21}{5}=\frac{\overset{1}{\cancel{5}}\times\overset{7}{\cancel{21}}}{\underset{1}{\cancel{3}}\times\underset{1}{\cancel{5}}}=7$

(3) $2\frac{1}{4}\times3.2=\frac{9}{4}\times\frac{16}{5}=\frac{9\times\overset{4}{\cancel{16}}}{\underset{1}{\cancel{4}}\times5}=\frac{36}{5}$

🔄帯分数のたし算は、仮分数に直して計算するか、整数部分と真分数部分に分けて計算します。答えは、それ以上約分できない形で答えるようにしましょう。

(1) $1\frac{1}{6}+\frac{1}{18}=\frac{7}{6}+\frac{1}{18}=\frac{21}{18}+\frac{1}{18}$

$=\frac{\overset{11}{\cancel{22}}}{\underset{9}{\cancel{18}}}=\frac{11}{9}$

(2) $2\frac{1}{5}+1\frac{3}{4}=\frac{11}{5}+\frac{7}{4}=\frac{44}{20}+\frac{35}{20}=\frac{79}{20}$

44 分数と小数の計算④　89ページ

❶ (1) $\frac{21}{40}$　(2) $\frac{21}{50}$　(3) $\frac{63}{40}\left(1\frac{23}{40}\right)$

(4) $\frac{16}{15}\left(1\frac{1}{15}\right)$　(5) $\frac{3}{4}$　(6) $\frac{20}{39}$

(7) $\frac{60}{49}\left(1\frac{11}{49}\right)$　(8) $\frac{2}{15}$

❷ (1) $\frac{51}{70}$　(2) $\frac{27}{40}$　(3) $\frac{72}{25}\left(2\frac{22}{25}\right)$

(4) $\frac{80}{63}\left(1\frac{17}{63}\right)$　(5) $\frac{12}{35}$　(6) $\frac{45}{68}$

🔄 (1) $\frac{3}{10}$　(2) $\frac{1}{21}$

まちがえたら、解き直しましょう。

ポイント

❶小数を分数に直します。分数のわり算は、わる数を逆数に変えて、かけ算に直して計算します。

(2) $0.7\div\frac{5}{3}=\frac{7}{10}\times\frac{3}{5}=\frac{7\times3}{10\times5}=\frac{21}{50}$

(4) $0.8\div\frac{3}{4}=\frac{4}{5}\times\frac{4}{3}=\frac{4\times4}{5\times3}=\frac{16}{15}$

(6) $\frac{2}{3}\div1.3=\frac{2}{3}\div\frac{13}{10}=\frac{2}{3}\times\frac{10}{13}=\frac{2\times10}{3\times13}=\frac{20}{39}$

(8) $\frac{1}{5}\div1.5=\frac{1}{5}\div\frac{3}{2}=\frac{1}{5}\times\frac{2}{3}=\frac{1\times2}{5\times3}=\frac{2}{15}$

❷帯分数は仮分数に直します。

(5) $1\frac{1}{5}\div3.5=\frac{6}{5}\div\frac{7}{2}=\frac{6}{5}\times\frac{2}{7}=\frac{6\times2}{5\times7}=\frac{12}{35}$

🔄通分してからひき算をします。

(1) $\frac{4}{5}-\frac{1}{2}=\frac{8}{10}-\frac{5}{10}=\frac{3}{10}$

(2) $\frac{5}{7}-\frac{2}{3}=\frac{15}{21}-\frac{14}{21}=\frac{1}{21}$

45 分数と小数の計算⑤　91ページ

❶ (1) $\frac{3}{2}\left(1\frac{1}{2}\right)$　(2) $\frac{7}{4}\left(1\frac{3}{4}\right)$

(3) $\frac{33}{14}\left(2\frac{5}{14}\right)$　(4) $\frac{3}{4}$　(5) $\frac{5}{2}\left(2\frac{1}{2}\right)$

(6) 8　(7) $\frac{8}{9}$　(8) $\frac{1}{4}$

❷ (1) $\frac{9}{2}\left(4\frac{1}{2}\right)$　(2) $\frac{21}{10}\left(2\frac{1}{10}\right)$

(3) $\frac{8}{3}\left(2\frac{2}{3}\right)$　(4) $\frac{10}{3}\left(3\frac{1}{3}\right)$

(5) $\frac{10}{9}\left(1\frac{1}{9}\right)$　(6) $\frac{1}{4}$

🔄 (1) $\frac{1}{4}$　(2) $\frac{8}{15}$

まちがえたら、解き直しましょう。

ポイント

❶小数を分数に直します。分数のわり算は、わる数を逆数に変えて、かけ算に直して計算します。また、約分できるときは、と中で約分しましょう。

(2) $0.7\div\frac{2}{5}=\frac{7}{10}\times\frac{5}{2}=\frac{7\times\overset{1}{\cancel{5}}}{\underset{2}{\cancel{10}}\times2}=\frac{7}{4}$

(4) $2.1\div\frac{14}{5}=\frac{21}{10}\times\frac{5}{14}=\frac{\overset{3}{\cancel{21}}\times\overset{1}{\cancel{5}}}{\underset{2}{\cancel{10}}\times\underset{2}{\cancel{14}}}=\frac{3}{4}$

(6) $\frac{4}{5}\div0.1=\frac{4}{5}\div\frac{1}{10}=\frac{4}{5}\times10=\frac{4\times\overset{2}{\cancel{10}}}{\underset{1}{\cancel{5}}}=8$

❷帯分数は仮分数に直します。

(4) $6\frac{1}{3}\div1.9=\frac{19}{3}\div\frac{19}{10}=\frac{19}{3}\times\frac{10}{19}$

$=\frac{\overset{1}{\cancel{19}}\times10}{3\times\underset{1}{\cancel{19}}}=\frac{10}{3}$

答えは、それ以上約分できない形で答えるようにしましょう。

(1) $\frac{2}{3}-\frac{5}{12}=\frac{8}{12}-\frac{5}{12}=\frac{\overset{1}{\cancel{3}}}{\underset{4}{\cancel{12}}}=\frac{1}{4}$

(2) $\frac{5}{6}-\frac{3}{10}=\frac{25}{30}-\frac{9}{30}=\frac{\overset{8}{\cancel{16}}}{\underset{15}{\cancel{30}}}=\frac{8}{15}$

46 まとめのテスト⑩ 93ページ

❶ (1) $\frac{9}{20}$　(2) $\frac{7}{16}$　(3) $\frac{12}{35}$　(4) $\frac{9}{5}\left(1\frac{4}{5}\right)$

(5) $\frac{17}{16}\left(1\frac{1}{16}\right)$　(6) $\frac{3}{5}$　(7) $\frac{4}{5}$　(8) $\frac{69}{16}\left(4\frac{5}{16}\right)$

❷ (1) 9　(2) 2　(3) $\frac{2}{3}$　(4) $\frac{74}{45}\left(1\frac{29}{45}\right)$

❸ 式…$\frac{11}{6}\times2.4=\frac{22}{5}\left(=4\frac{2}{5}\right)$

答え…$\frac{22}{5}m^2\left(4\frac{2}{5}m^2\right)$

ポイント

❶小数を分数に直して計算します。約分できるときは、と中で約分しましょう。

(1) $\frac{3}{2}\times0.3=\frac{3}{2}\times\frac{3}{10}=\frac{3\times3}{2\times10}=\frac{9}{20}$

(2) $\frac{5}{8}\times0.7=\frac{5}{8}\times\frac{7}{10}=\frac{\overset{1}{\cancel{5}}\times7}{8\times\underset{2}{\cancel{10}}}=\frac{7}{16}$

(6) $1.8\times\frac{1}{3}=\frac{9}{5}\times\frac{1}{3}=\frac{\overset{3}{\cancel{9}}\times1}{5\times\underset{1}{\cancel{3}}}=\frac{3}{5}$

(8) $2.3\times1\frac{7}{8}=\frac{23}{10}\times\frac{15}{8}=\frac{23\times\overset{3}{\cancel{15}}}{\underset{2}{\cancel{10}}\times8}=\frac{69}{16}$

❷(1) $3\frac{3}{5}\times2.5=\frac{18}{5}\times\frac{5}{2}=\frac{\overset{9}{\cancel{18}}\times\overset{1}{\cancel{5}}}{\underset{1}{\cancel{5}}\times\underset{1}{\cancel{2}}}=9$

(3) $2.2\times\frac{10}{33}=\frac{11}{5}\times\frac{10}{33}=\frac{\overset{1}{\cancel{11}}\times\overset{2}{\cancel{10}}}{\underset{1}{\cancel{5}}\times\underset{3}{\cancel{33}}}=\frac{2}{3}$

❸長方形の面積は、(縦の長さ)×(横の長さ)で求めることができるので、$\frac{11}{6}\times2.4=\frac{11}{6}\times\frac{12}{5}$

$=\frac{11\times\overset{2}{\cancel{12}}}{\underset{1}{\cancel{6}}\times5}=\frac{22}{5}$より、$\frac{22}{5}m^2$

47 まとめのテスト⑪ 95ページ

❶ (1) $\frac{2}{45}$　(2) $\frac{39}{80}$　(3) $\frac{3}{5}$　(4) $\frac{8}{3}\left(2\frac{2}{3}\right)$

(5) $\frac{10}{27}$　(6) $\frac{15}{34}$　(7) $\frac{70}{93}$　(8) 3

❷ (1) $\frac{4}{9}$　(2) $\frac{14}{3}\left(4\frac{2}{3}\right)$　(3) $\frac{5}{3}\left(1\frac{2}{3}\right)$

(4) $\frac{3}{8}$

❸ 式…$2.8\div\frac{7}{10}=4$　答え…**時速**4km

ポイント

❶小数を分数に直します。分数のわり算は、わる数を逆数に変えて、かけ算に直して計算します。

(1) $0.1\div\frac{9}{4}=\frac{1}{10}\times\frac{4}{9}=\frac{1\times\overset{2}{\cancel{4}}}{\underset{5}{\cancel{10}}\times9}=\frac{2}{45}$

(5) $\frac{1}{3}\div0.9=\frac{1}{3}\div\frac{9}{10}=\frac{1}{3}\times\frac{10}{9}=\frac{10}{27}$

(8) $3\frac{3}{5}\div1.2=\frac{18}{5}\div\frac{6}{5}=\frac{18}{5}\times\frac{5}{6}=\frac{\overset{3}{\cancel{18}}\times\overset{1}{\cancel{5}}}{\underset{1}{\cancel{5}}\times\underset{1}{\cancel{6}}}=3$

❷(1) $0.8\div\frac{9}{5}=\frac{4}{5}\times\frac{5}{9}=\frac{4\times\overset{1}{\cancel{5}}}{\underset{1}{\cancel{5}}\times9}=\frac{4}{9}$

(4) $\frac{21}{16}\div3.5=\frac{21}{16}\div\frac{7}{2}=\frac{21}{16}\times\frac{2}{7}=\frac{\overset{3}{\cancel{21}}\times\overset{1}{\cancel{2}}}{\underset{8}{\cancel{16}}\times\underset{1}{\cancel{7}}}=\frac{3}{8}$

❸(速さ)＝(道のり)÷(時間)なので、歩く速さは、

$2.8 \div \frac{7}{10} = \frac{14}{5} \times \frac{10}{7} = \frac{14 \times 10}{5 \times 7} = 4$ より、時速4km

48 3つの分数の計算① 97ページ

❶ (1) $\frac{1}{20}$ (2) $\frac{21}{80}$ (3) $\frac{3}{16}$ (4) $\frac{1}{7}$ (5) $\frac{4}{15}$ (6) $\frac{2}{9}$

❷ (1) $\frac{3}{4}$ (2) $\frac{2}{7}$ (3) $\frac{9}{20}$ (4) $\frac{4}{3}\left(1\frac{1}{3}\right)$ (5) $\frac{3}{5}$

$\frac{17}{10}\left(1\frac{7}{10}\right)$

まちがえたら、解き直しましょう。

ポイント

❶分数に分数をかける計算は、分母どうし、分子どうしをかけます。また、約分できるときは、と中で約分しましょう。

(2) $\frac{1}{2} \times \frac{3}{10} \times \frac{7}{4} = \frac{1 \times 3 \times 7}{2 \times 10 \times 4} = \frac{21}{80}$

(3) $\frac{5}{6} \times \frac{1}{4} \times \frac{9}{10} = \frac{5 \times 1 \times 9}{6 \times 4 \times 10} = \frac{3}{16}$

(6)帯分数は仮分数に直して計算します。

$\frac{1}{12} \times \frac{4}{7} \times 4\frac{2}{3} = \frac{1}{12} \times \frac{4}{7} \times \frac{14}{3}$

$= \frac{1 \times 4 \times 14}{12 \times 7 \times 3} = \frac{2}{9}$

❷分数のわり算は、わる数を逆数に変えて、かけ算に直して計算します。

(1) $\frac{3}{8} \times \frac{6}{5} \div \frac{3}{5} = \frac{3}{8} \times \frac{6}{5} \times \frac{5}{3} = \frac{3 \times 6 \times 5}{8 \times 5 \times 3} = \frac{3}{4}$

(3) $\frac{7}{16} \times \frac{24}{25} \div \frac{14}{15} = \frac{7}{16} \times \frac{24}{25} \times \frac{15}{14}$

$= \frac{7 \times 24 \times 15}{16 \times 25 \times 14} = \frac{9}{20}$

$2\frac{1}{5} - \frac{1}{2} = \frac{11}{5} - \frac{1}{2} = \frac{22}{10} - \frac{5}{10} = \frac{17}{10}$

49 3つの分数の計算② 99ページ

❶ (1) $\frac{3}{16}$ (2) $\frac{15}{16}$ (3) $\frac{4}{9}$ (4) $\frac{1}{2}$ (5) 1 (6) $\frac{14}{27}$

❷ (1) $\frac{45}{64}$ (2) $\frac{7}{6}\left(1\frac{1}{6}\right)$ (3) $\frac{1}{2}$ (4) 2

103g

まちがえたら、解き直しましょう。

ポイント

❶分数のわり算は、わる数を逆数に変えて、かけ算に直して計算します。約分できるときは、と中で約分しましょう。

(2) $\frac{1}{4} \div \frac{2}{5} \times \frac{3}{2} = \frac{1}{4} \times \frac{5}{2} \times \frac{3}{2} = \frac{1 \times 5 \times 3}{4 \times 2 \times 2} = \frac{15}{16}$

(3) $\frac{4}{5} \div \frac{3}{10} \times \frac{1}{6} = \frac{4}{5} \times \frac{10}{3} \times \frac{1}{6} = \frac{4 \times 10 \times 1}{5 \times 3 \times 6} = \frac{4}{9}$

(5) $\frac{3}{10} \div \frac{6}{25} \times \frac{4}{5} = \frac{3}{10} \times \frac{25}{6} \times \frac{4}{5}$

$= \frac{3 \times 25 \times 4}{10 \times 6 \times 5} = 1$

❷(1) $\frac{5}{16} \div \frac{4}{3} \div \frac{1}{3} = \frac{5}{16} \times \frac{3}{4} \times \frac{3}{1}$

$= \frac{5 \times 3 \times 3}{16 \times 4 \times 1} = \frac{45}{64}$

(2) $\frac{2}{9} \div \frac{1}{3} \div \frac{4}{7} = \frac{2}{9} \times \frac{3}{1} \times \frac{7}{4} = \frac{2 \times 3 \times 7}{9 \times 1 \times 4} = \frac{7}{6}$

(4) $\frac{3}{10} \div \frac{2}{5} \div \frac{3}{8} = \frac{3}{10} \times \frac{5}{2} \times \frac{8}{3} = \frac{3 \times 5 \times 8}{10 \times 2 \times 3} = 2$

(平均)＝(合計)÷(個数)で求めます。よって、
$(102+107+99+103+104) \div 5$
$=515 \div 5=103$ より、103g

50 3つの分数の計算③ 101ページ

❶ (1) $\frac{4}{27}$ (2) $\frac{21}{40}$ (3) $\frac{1}{10}$ (4) $\frac{21}{8}\left(2\frac{5}{8}\right)$ (5) $\frac{1}{4}$ (6) $\frac{6}{5}\left(1\frac{1}{5}\right)$

❷ (1) $\frac{9}{20}$ (2) $\frac{11}{8}\left(1\frac{3}{8}\right)$ (3) 14 (4) $\frac{12}{65}$

3冊

まちがえたら、解き直しましょう。

ポイント

❶小数や整数を分数に直して計算します。

(2) $\frac{3}{2}\times0.7\times\frac{1}{2}=\frac{3}{2}\times\frac{7}{10}\times\frac{1}{2}=\frac{21}{40}$

(3) $\frac{3}{14}\times0.6\times\frac{7}{9}=\frac{3}{14}\times\frac{3}{5}\times\frac{7}{9}=\frac{3\times3\times7}{14\times5\times9}=\frac{1}{10}$

(5) $\frac{1}{6}\times5\times0.3=\frac{1}{6}\times\frac{5}{1}\times\frac{3}{10}=\frac{1\times5\times3}{6\times1\times10}=\frac{1}{4}$

❷小数や整数を分数に直します。分数のわり算は、わる数を逆数に変えて、かけ算に直して計算します。

(3) $6\times\frac{7}{9}\div\frac{1}{3}=\frac{6}{1}\times\frac{7}{9}\times\frac{3}{1}=\frac{6\times7\times3}{1\times9\times1}=14$

(4) $\frac{2}{3}\times\frac{9}{25}\div1.3=\frac{2}{3}\times\frac{9}{25}\div\frac{13}{10}$
$=\frac{2}{3}\times\frac{9}{25}\times\frac{10}{13}=\frac{2\times9\times10}{3\times25\times13}=\frac{12}{65}$

(平均)＝(合計)÷(個数)で求めます。0冊のものも考えるので個数は6です。よって、(4＋2＋0＋3＋6＋3)÷6＝18÷6＝3なので、3冊

51 3つの分数の計算④ 103ページ

❶ (1) $\frac{7}{16}$ (2) $\frac{3}{7}$ (3) $\frac{9}{25}$ (4) $\frac{4}{3}\left(1\frac{1}{3}\right)$ (5) $\frac{3}{20}$ (6) 8

❷ (1) $\frac{63}{40}\left(1\frac{23}{40}\right)$ (2) $\frac{3}{4}$ (3) 20 (4) $\frac{3}{2}\left(1\frac{1}{2}\right)$

5.6m

まちがえたら、解き直しましょう。

ポイント

❶小数や整数を分数に直して計算します。分数のわり算は、わる数を逆数に変えて、かけ算に直して計算します。

(2) $\frac{4}{7}\div\frac{6}{5}\times0.9=\frac{4}{7}\times\frac{5}{6}\times\frac{9}{10}=\frac{4\times5\times9}{7\times6\times10}=\frac{3}{7}$

(4) $\frac{7}{15}\div1.3\times3\frac{5}{7}=\frac{7}{15}\div\frac{13}{10}\times\frac{26}{7}$
$=\frac{7}{15}\times\frac{10}{13}\times\frac{26}{7}=\frac{7\times10\times26}{15\times13\times7}=\frac{4}{3}$

(5) $\frac{3}{8}\div3\times1.2=\frac{3}{8}\times\frac{1}{3}\times\frac{6}{5}=\frac{3\times1\times6}{8\times3\times5}=\frac{3}{20}$

❷(1) $0.6\div\frac{2}{3}\div\frac{4}{7}=\frac{3}{5}\times\frac{3}{2}\times\frac{7}{4}=\frac{3\times3\times7}{5\times2\times4}=\frac{63}{40}$

(2) $2\frac{4}{5}\div0.7\div\frac{16}{3}=\frac{14}{5}\div\frac{7}{10}\div\frac{16}{3}$
$=\frac{14}{5}\times\frac{10}{7}\times\frac{3}{16}=\frac{14\times10\times3}{5\times7\times16}=\frac{3}{4}$

(3) $9\div\frac{3}{8}\div1.2=\frac{9}{1}\div\frac{3}{8}\div\frac{6}{5}=\frac{9}{1}\times\frac{8}{3}\times\frac{5}{6}$
$=\frac{9\times8\times5}{1\times3\times6}=20$

(平均)＝(合計)÷(個数)で求めます。よって、(6＋4＋7＋5＋6)÷5＝28÷5＝5.6より、5.6m

52 まとめのテスト⑫ 105ページ

❶ (1) $\frac{21}{40}$ (2) $\frac{4}{45}$ (3) $\frac{11}{12}$ (4) 6 (5) $\frac{35}{4}\left(8\frac{3}{4}\right)$

❷ (1) $\frac{1}{4}$ (2) $\frac{36}{5}\left(7\frac{1}{5}\right)$ (3) $\frac{1}{3}$

❸ 式…$\frac{1}{4}\times2\times1.2=\frac{3}{5}$ 答え…$\frac{3}{5}m^3$

ポイント

❶(1) $\frac{1}{2}\times\frac{7}{4}\times\frac{3}{5}=\frac{1\times7\times3}{2\times4\times5}=\frac{21}{40}$

(2) $\frac{8}{21}\times\frac{7}{5}\times\frac{1}{6}=\frac{8\times7\times1}{21\times5\times6}=\frac{4}{45}$

(3) $\frac{5}{9}\times1.1\times\frac{3}{2}=\frac{5}{9}\times\frac{11}{10}\times\frac{3}{2}$

$=\frac{5\times11\times3}{9\times10\times2}=\frac{11}{12}$

(5) $\frac{7}{6}\div\frac{2}{9}\times\frac{5}{3}=\frac{7}{6}\times\frac{9}{2}\times\frac{5}{3}=\frac{7\times9\times5}{6\times2\times3}=\frac{35}{4}$

❷(1) $\frac{15}{2}\div5\times\frac{1}{6}=\frac{15}{2}\times\frac{1}{5}\times\frac{1}{6}=\frac{15\times1\times1}{2\times5\times6}$

$=\frac{1}{4}$

(2) $6\div\frac{11}{3}\times4.4=\frac{6}{1}\times\frac{3}{11}\times\frac{22}{5}$

$=\frac{6\times3\times22}{1\times11\times5}=\frac{36}{5}$

❸直方体の体積は(縦(たて)の長さ)×(横の長さ)×(高さ)で求めます。よって、$\frac{1}{4}\times2\times1.2=\frac{3}{5}$より、

$\frac{3}{5}$ m³

53 まとめのテスト⑬ 107ページ

❶ (1) $\frac{7}{20}$　(2) $\frac{21}{40}$　(3) $\frac{6}{5}\left(1\frac{1}{5}\right)$

(4) $\frac{5}{18}$　(5) $\frac{1}{7}$

❷ (1) $\frac{10}{9}\left(1\frac{1}{9}\right)$　(2) $\frac{1}{3}$　(3) $\frac{4}{13}$

❸ 式…$\frac{27}{16}\div1.2\div3=\frac{15}{32}$　答え…$\frac{15}{32}$ m

ポイント

❶小数や整数を分数に直して計算します。分数のわり算は、わる数を逆数に変えて、かけ算に直して計算します。

(1) $\frac{1}{3}\times\frac{9}{10}\div\frac{6}{7}=\frac{1}{3}\times\frac{9}{10}\times\frac{7}{6}=\frac{1\times9\times7}{3\times10\times6}$

$=\frac{7}{20}$

(2) $\frac{7}{12}\times1.6\div\frac{16}{9}=\frac{7}{12}\times\frac{8}{5}\times\frac{9}{16}$

$=\frac{7\times8\times9}{12\times5\times16}=\frac{21}{40}$

(4) $\frac{4}{9}\times1\frac{5}{8}\div2.6=\frac{4}{9}\times\frac{13}{8}\div\frac{13}{5}$

$=\frac{4}{9}\times\frac{13}{8}\times\frac{5}{13}=\frac{4\times13\times5}{9\times8\times13}=\frac{5}{18}$

❷(1) $\frac{5}{6}\div\frac{15}{8}\div\frac{2}{5}=\frac{5}{6}\times\frac{8}{15}\times\frac{5}{2}$

$=\frac{5\times8\times5}{6\times15\times2}=\frac{10}{9}$

(2) $\frac{2}{5}\div2.7\div\frac{4}{9}=\frac{2}{5}\div\frac{27}{10}\div\frac{4}{9}$

$=\frac{2}{5}\times\frac{10}{27}\times\frac{9}{4}=\frac{2\times10\times9}{5\times27\times4}=\frac{1}{3}$

(3) $1.8\div4\frac{1}{2}\div1.3=\frac{9}{5}\div\frac{9}{2}\div\frac{13}{10}$

$=\frac{9}{5}\times\frac{2}{9}\times\frac{10}{13}=\frac{9\times2\times10}{5\times9\times13}=\frac{4}{13}$

❸Aのテープの長さはBのテープの3倍より、(Bのテープ)＝(Aのテープ)÷3です。また、Cのテープの長さはAのテープの1.2倍より、(Aのテープ)＝(Cのテープ)÷1.2です。

(Bのテープ)＝(Aのテープ)÷3

＝{(Cのテープ)÷1.2}÷3で、Cのテープは$\frac{27}{16}$ mであることから、

$\frac{27}{16}\div1.2\div3=\frac{27}{16}\div\frac{6}{5}\div\frac{3}{1}=\frac{27}{16}\times\frac{5}{6}\times\frac{1}{3}$

$=\frac{27\times5\times1}{16\times6\times3}=\frac{15}{32}$より、$\frac{15}{32}$ m

54 パズル② 109ページ

❶ (1) $\frac{43}{12}$　(2) $\frac{75}{13}$　(3) $\frac{976}{135}$

❷ (1) $\frac{12}{43}$　(2) $\frac{24}{86}$　(3) $\frac{244}{764}$

ポイント

❶分母が小さければ小さいほど分数は大きくなり、分子が大きければ大きいほど分数は大きくなるので、いちばん大きくなる分数は、分母は小さく、分子は大きくすればよいです。

(1) 4つの数から2つ選んだとき、いちばん大きい2けたの整数は43であり、いちばん小さい2けたの整数は12だから、$\frac{43}{12}$となります。

(3) 6つの数から3つ選んだとき、いちばん大きい3けたの整数は976であり、いちばん小さい3けたの整数は135だから、$\frac{976}{135}$となります。

❷分母が大きければ大きいほど分数は小さくなり、分子が小さければ小さいほど分数は小さくなるので、いちばん小さくなる分数は、分母は大きく、分子は小さくすればよいです。
(2)4つの数から2つ選んだとき、いちばん小さい2けたの整数は24であり、いちばん大きい2けたの整数は86だから、$\frac{24}{86}$となります。

55 分数倍①　111ページ

❶ (1)式…12÷6＝2　答え…**2倍**
(2)式…$9\div6=\frac{3}{2}\left(=1\frac{1}{2}\right)$
答え…$\frac{3}{2}$**倍**$\left(1\frac{1}{2}\text{倍}\right)$
(3)式…$9\div12=\frac{3}{4}$　答え…$\frac{3}{4}$**倍**
(4)式…$12\div9=\frac{4}{3}\left(=1\frac{1}{3}\right)$
答え…$\frac{4}{3}$**倍**$\left(1\frac{1}{3}\text{倍}\right)$

❷ (1)式…$\frac{9}{5}\div7=\frac{9}{35}$　答え…$\frac{9}{35}$**倍**
(2)式…$\frac{1}{2}\div\frac{9}{5}=\frac{5}{18}$　答え…$\frac{5}{18}$**倍**

式…230÷20＝11.5
答え…11.5km

まちがえたら、解き直しましょう。

ポイント

❶(割合(わりあい))＝(比べられる量)÷(もとになる量)で求めます。
(1)もとになる量はAのテープの長さ、比べられる量はCのテープの長さなので、割合は、12÷6＝2より、2倍
(2)もとになる量はAのテープの長さ、比べられる量はBのテープの長さなので、割合は、$9\div6=\frac{3}{2}$より、$\frac{3}{2}$倍
(3)もとになる量はCのテープの長さ、比べられる量はBのテープの長さなので、割合は、$9\div12=\frac{3}{4}$より、$\frac{3}{4}$倍
(4)もとになる量はBのテープの長さ、比べられる量はCのテープの長さなので、割合は、$12\div9=\frac{4}{3}$より、$\frac{4}{3}$倍
❷(割合)＝(比べられる量)÷(もとになる量)で求めます。
(1)もとになる量はCのテープの長さ、比べられる量はBのテープの長さなので、割合は、
$\frac{9}{5}\div7=\frac{9}{5\times7}=\frac{9}{35}$より、$\frac{9}{35}$倍
(2)もとになる量はBのテープの長さ、比べられる量はAのテープの長さなので、割合は、
$\frac{1}{2}\div\frac{9}{5}=\frac{1}{2}\times\frac{5}{9}=\frac{1\times5}{2\times9}=\frac{5}{18}$より$\frac{5}{18}$倍
1Lあたりに走ることができる道のりは(走った道のり)÷(ガソリンの量)で求めることができます。よって、230÷20＝11.5より、1Lあたり11.5km走ることができます。

56 分数倍②　113ページ

❶ (1)式…$\frac{11}{8}\div\frac{2}{3}=\frac{33}{16}\left(=2\frac{1}{16}\right)$
答え…$\frac{33}{16}$**倍**$\left(2\frac{1}{16}\text{倍}\right)$
(2)式…$\frac{7}{6}\div\frac{2}{3}=\frac{7}{4}\left(=1\frac{3}{4}\right)$
答え…$\frac{7}{4}$**倍**$\left(1\frac{3}{4}\text{倍}\right)$
(3)式…$\frac{7}{6}\div\frac{11}{8}=\frac{28}{33}$　答え…$\frac{28}{33}$**倍**

❷ (1)式…$3\frac{2}{3}\div2.2=\frac{5}{3}\left(=1\frac{2}{3}\right)$
答え…$\frac{5}{3}$**倍**$\left(1\frac{2}{3}\text{倍}\right)$
(2)式…$2.2\div3\frac{2}{3}=\frac{3}{5}$　答え…$\frac{3}{5}$**倍**

式…2640÷11＝240
答え…(1km^{2}あたり)240人

まちがえたら、解き直しましょう。

ポイント

❶(割合(わりあい))＝(比べられる量)÷(もとになる量)で求めます。
(1)もとになる量はAの荷物の重さ、比べられる量はCの荷物の重さなので、割合は、
$\frac{11}{8}\div\frac{2}{3}=\frac{11}{8}\times\frac{3}{2}=\frac{33}{16}$より、$\frac{33}{16}$倍

(2)もとになる量はAの荷物の重さ、比べられる量はBの荷物の重さなので、割合は、

$\frac{7}{6}\div\frac{2}{3}=\frac{7}{6}\times\frac{3}{2}=\frac{7\times\cancel{3}^{1}}{\cancel{6}_{2}\times2}=\frac{7}{4}$ より、$\frac{7}{4}$倍

❷(1)もとになる量はBのバケツの水の量、比べられる量はAのバケツの水の量なので、割合は、

$3\frac{2}{3}\div2.2=\frac{11}{3}\div\frac{11}{5}=\frac{11}{3}\times\frac{5}{11}=\frac{\cancel{11}^{1}\times5}{3\times\cancel{11}_{1}}$

$=\frac{5}{3}$ より、$\frac{5}{3}$倍

単位面積である $1km^2$ あたりの人口を人口密度(じんこうみつど)といいます。(人口)÷(面積)で求められるので、2640÷11＝240より、$1km^2$ あたり240人

57 分数倍③ 115ページ

❶ (1) $\frac{15}{2}\left(7\frac{1}{2}\right)$　(2) $\frac{4}{7}$　(3) 6　(4) $\frac{10}{27}$

❷ (1)式…$\frac{7}{9}\times2=\frac{14}{9}\left(=1\frac{5}{9}\right)$

答え…$\frac{14}{9}$m$\left(1\frac{5}{9}\text{m}\right)$

(2)式…$\frac{7}{9}\times\frac{4}{21}=\frac{4}{27}$　答え…$\frac{4}{27}$m

Aセットが7円安い

まちがえたら、解き直しましょう。

ポイント

❶(比べられる量)＝(もとになる量)×(割合(わりあい))で求めます。

(2)もとになる量は4、割合は$\frac{1}{7}$倍なので、

$4\times\frac{1}{7}=\frac{4}{7}$

(3)もとになる量は9、割合は$\frac{2}{3}$倍なので、

$9\times\frac{2}{3}=\frac{9}{1}\times\frac{2}{3}=\frac{\cancel{9}^{3}\times2}{1\times\cancel{3}_{1}}=6$

(4)もとになる量は$\frac{5}{7}$、割合は$\frac{14}{27}$倍なので、

$\frac{5}{7}\times\frac{14}{27}=\frac{5\times\cancel{14}^{2}}{\cancel{7}_{1}\times27}=\frac{10}{27}$

❷(1)(Bのテープ)＝(Aのテープ)×2より、

$\frac{7}{9}\times2=\frac{7\times2}{9}=\frac{14}{9}$ より、$\frac{14}{9}$m

(2)(Cのテープ)＝(Aのテープ)×$\frac{4}{21}$より、

$\frac{7}{9}\times\frac{4}{21}=\frac{\cancel{7}^{1}\times4}{9\times\cancel{21}_{3}}=\frac{4}{27}$ より、$\frac{4}{27}$m

Aセットのえん筆1本あたりの値段(ねだん)は、910÷14＝65(円)で、Bセットのえん筆1本あたりのねだんは、360÷5＝72(円)になります。よって、Aセットが72－65＝7(円)安くなります。

58 分数倍④ 117ページ

❶ (1) $\frac{3}{7}$　(2) $\frac{15}{8}\left(1\frac{7}{8}\right)$　(3) $\frac{11}{3}\left(3\frac{2}{3}\right)$

(4) $\frac{5}{2}\left(2\frac{1}{2}\right)$

❷ (1)式…$3\frac{3}{8}\times\frac{1}{6}=\frac{9}{16}$　答え…$\frac{9}{16}$kg

(2)式…$3\frac{3}{8}\times1\frac{7}{9}=6$　答え…6kg

0.9$\left(\frac{9}{10}\right)$

まちがえたら、解き直しましょう。

ポイント

❶(比べられる量)＝(もとになる量)×(割合(わりあい))で求めます。

(1)もとになる量は1.5、割合は$\frac{2}{7}$倍なので、

$1.5\times\frac{2}{7}=\frac{3}{2}\times\frac{2}{7}=\frac{3\times\cancel{2}^{1}}{\cancel{2}_{1}\times7}=\frac{3}{7}$

(2)もとになる量は$2\frac{1}{4}$、割合は$\frac{5}{6}$倍なので、

$2\frac{1}{4}\times\frac{5}{6}=\frac{9}{4}\times\frac{5}{6}=\frac{\cancel{9}^{3}\times5}{4\times\cancel{6}_{2}}=\frac{15}{8}$

❷(1)(Bの荷物)＝(Aの荷物)×$\frac{1}{6}$より、

$3\frac{3}{8}\times\frac{1}{6}=\frac{27}{8}\times\frac{1}{6}=\frac{\cancel{27}^{9}\times1}{8\times\cancel{6}_{2}}=\frac{9}{16}$ より、

$\frac{9}{16}$kg

(2)(Cの荷物)＝(Aの荷物)×$1\frac{7}{9}$より、

$3\frac{3}{8}\times1\frac{7}{9}=\frac{27}{8}\times\frac{16}{9}=\frac{\overset{3}{\cancel{27}}\times\overset{2}{\cancel{16}}}{\underset{1}{\cancel{8}}\times\underset{1}{\cancel{9}}}=6$より、

6kg

(割合)＝(比べられる量)÷(もとになる量)であり、比べられる量は189人、もとになる量は210人だから、189÷210＝0.9

59 分数倍⑤ 119ページ

❶ (1)$\frac{7}{9}$　(2)$\frac{26}{3}\left(8\frac{2}{3}\right)$　(3)$\frac{11}{15}$　(4)3

❷ (1)22mL　(2)$\frac{22}{5}$mL$\left(4\frac{2}{5}\text{mL}\right)$

(3)$\frac{11}{32}$mL

66人

まちがえたら、解き直しましょう。

ポイント

❶(もとになる量)＝(比べられる量)÷(割合(わりあい))で求めます。

(2)比べられる量は6、割合は$\frac{9}{13}$倍なので、

$6\div\frac{9}{13}=\frac{6}{1}\times\frac{13}{9}=\frac{\overset{2}{\cancel{6}}\times13}{1\times\underset{3}{\cancel{9}}}=\frac{26}{3}$

(3)比べられる量は1.8、割合は$\frac{27}{11}$倍なので、

$1.8\div\frac{27}{11}=\frac{9}{5}\times\frac{11}{27}=\frac{\overset{1}{\cancel{9}}\times11}{5\times\underset{3}{\cancel{27}}}=\frac{11}{15}$

(4)比べられる量は$\frac{5}{3}$、割合は$\frac{5}{9}$倍なので、

$\frac{5}{3}\div\frac{5}{9}=\frac{5}{3}\times\frac{9}{5}=\frac{\overset{1}{\cancel{5}}\times\overset{3}{\cancel{9}}}{\underset{1}{\cancel{3}}\times\underset{1}{\cancel{5}}}=3$

❷(水の体積)×$\frac{12}{11}$＝(氷の体積)なので、

(水の体積)＝(氷の体積)÷$\frac{12}{11}$で求めます。

(1)氷の体積が24mLより、水の体積は、

$24\div\frac{12}{11}=\frac{24}{1}\times\frac{11}{12}=\frac{\overset{2}{\cancel{24}}\times11}{1\times\underset{1}{\cancel{12}}}=22$より、

22mL

(3)氷の体積が$\frac{3}{8}$mLより、水の体積は、

$\frac{3}{8}\div\frac{12}{11}=\frac{3}{8}\times\frac{11}{12}=\frac{\overset{1}{\cancel{3}}\times11}{8\times\underset{4}{\cancel{12}}}=\frac{11}{32}$より、

$\frac{11}{32}$mL

(比べられる量)＝(もとになる量)×(割合)であり、もとになる量は120人、割合は0.55倍だから、120×0.55＝66より、66人

60 分数倍⑥ 121ページ

❶ (1)$\frac{3}{2}\left(1\frac{1}{2}\right)$　(2)$\frac{2}{9}$　(3)$\frac{9}{16}$

(4)$\frac{21}{10}\left(2\frac{1}{10}\right)$

❷ (1)$\frac{12}{5}$cm$\left(2\frac{2}{5}\text{cm}\right)$　(2)$\frac{5}{4}$cm$\left(1\frac{1}{4}\text{cm}\right)$

240m²

まちがえたら、解き直しましょう。

ポイント

❶(もとになる量)＝(比べられる量)÷(割合(わりあい))で求めます。

(1)比べられる量は$1\frac{7}{8}$、割合は$\frac{5}{4}$倍なので、

$1\frac{7}{8}\div\frac{5}{4}=\frac{15}{8}\times\frac{4}{5}=\frac{\overset{3}{\cancel{15}}\times\overset{1}{\cancel{4}}}{\underset{2}{\cancel{8}}\times\underset{1}{\cancel{5}}}=\frac{3}{2}$

(4)比べられる量は4.8、割合は$2\frac{2}{7}$倍なので、

$4.8\div2\frac{2}{7}=\frac{24}{5}\div\frac{16}{7}=\frac{\overset{3}{\cancel{24}}\times7}{5\times\underset{2}{\cancel{16}}}=\frac{21}{10}$

❷(もとの長さ)＝(のばした長さ)÷(割合)で求めます。

(1)のばした長さが$\frac{68}{5}$cm、割合は$\frac{17}{3}$倍なので、

$\frac{68}{5}\div\frac{17}{3}=\frac{68}{5}\times\frac{3}{17}=\frac{\overset{4}{\cancel{68}}\times3}{5\times\underset{1}{\cancel{17}}}=\frac{12}{5}$より、

$\frac{12}{5}$cm

(2)のばした長さが$6\frac{1}{2}$cm、割合は$5\frac{1}{5}$倍なので、

$6\frac{1}{2}\div5\frac{1}{5}=\frac{13}{2}\div\frac{26}{5}=\frac{13}{2}\times\frac{5}{26}=\frac{\overset{1}{\cancel{13}}\times5}{2\times\underset{2}{\cancel{26}}}$

$=\frac{5}{4}$より、$\frac{5}{4}$cm

(公園全体の面積)×0.35＝84なので、
84÷0.35＝240より、240m²

61 まとめのテスト⑭ 123ページ

❶ (1)式…$6\frac{2}{5}\div7=\frac{32}{35}$　答え…$\frac{32}{35}$**倍**

(2)式…$7\div4.2=\frac{5}{3}\left(=1\frac{2}{3}\right)$

答え…$\frac{5}{3}$**倍**$\left(1\frac{2}{3}\text{倍}\right)$

(3)式…$4.2\div6\frac{2}{5}=\frac{21}{32}$　答え…$\frac{21}{32}$**倍**

(4)式…$6\frac{2}{5}\div4.2=\frac{32}{21}\left(=1\frac{11}{21}\right)$

答え…$\frac{32}{21}$**倍**$\left(1\frac{11}{21}\text{倍}\right)$

❷ (1)$\frac{1}{15}$　(2)$\frac{3}{10}$

❸ 式…$3\frac{1}{7}\div\frac{11}{12}=\frac{24}{7}\left(=3\frac{3}{7}\right)$

答え…$\frac{24}{7}$**倍**$\left(3\frac{3}{7}\text{倍}\right)$

ポイント

❶(割合(わりあい))＝(比べられる量)÷(もとになる量)で求めます。

(1)もとになる量はAのリボンの長さ、比べられる量はCのリボンの長さなので、$6\frac{2}{5}\div7=\frac{32}{5}\div7$

$=\frac{32\times1}{5\times7}=\frac{32}{35}$より、$\frac{32}{35}$倍

(2)もとになる量はBのリボン、比べられる量はAのリボンの長さなので、$7\div4.2=\frac{7}{1}\div\frac{21}{5}$

$=\frac{7}{1}\times\frac{5}{21}=\frac{\overset{1}{\cancel{7}}\times5}{1\times\underset{3}{\cancel{21}}}=\frac{5}{3}$より、$\frac{5}{3}$倍

(3)もとになる量はCのリボンの長さ、比べられる量はBのリボンの長さなので、$4.2\div6\frac{2}{5}$

$=\frac{21}{5}\div\frac{32}{5}=\frac{21}{5}\times\frac{5}{32}=\frac{21\times\overset{1}{\cancel{5}}}{\underset{1}{\cancel{5}}\times32}=\frac{21}{32}$より、

$\frac{21}{32}$倍

❷(2)もとになる量は$2\frac{1}{7}$、比べられる量は$\frac{9}{14}$なので、$\frac{9}{14}\div2\frac{1}{7}=\frac{9}{14}\div\frac{15}{7}=\frac{9}{14}\times\frac{7}{15}$

$=\frac{\overset{3}{\cancel{9}}\times\overset{1}{\cancel{7}}}{\underset{2}{\cancel{14}}\times\underset{5}{\cancel{15}}}=\frac{3}{10}$

❸もとになる量は土曜日に歩いた$\frac{11}{12}$kmで、比べられる量は日曜日に歩いた$3\frac{1}{7}$kmなので、

$3\frac{1}{7}\div\frac{11}{12}=\frac{22}{7}\times\frac{12}{11}=\frac{\overset{2}{\cancel{22}}\times12}{7\times\underset{1}{\cancel{11}}}=\frac{24}{7}$より、

$\frac{24}{7}$倍

62 まとめのテスト⑮ 125ページ

❶ (1)$\frac{8}{3}\left(2\frac{2}{3}\right)$　(2)$\frac{8}{15}$　(3)$\frac{5}{14}$

(4)12

❷ (1)$\frac{3}{4}$m　(2)$\frac{15}{8}$m$\left(1\frac{7}{8}\text{m}\right)$

❸ 式…$162\div1\frac{2}{7}=126$　答え…126人

ポイント

❶(1)もとになる量は4、割合(わりあい)は$\frac{2}{3}$倍なので、

$\square=4\times\frac{2}{3}=\frac{4}{1}\times\frac{2}{3}=\frac{4\times2}{1\times3}=\frac{8}{3}$

(3)比べられる量は$\frac{5}{8}$、割合は$\frac{7}{4}$倍なので、

$\square=\frac{5}{8}\div\frac{7}{4}=\frac{5}{8}\times\frac{4}{7}=\frac{5\times\overset{1}{\cancel{4}}}{\underset{2}{\cancel{8}}\times7}=\frac{5}{14}$

(4)比べられる量は14、割合は$1\frac{1}{6}$倍なので、

$14\div1\frac{1}{6}=\frac{14}{1}\div\frac{7}{6}=\frac{14}{1}\times\frac{6}{7}=\frac{\overset{2}{\cancel{14}}\times6}{1\times\underset{1}{\cancel{7}}}=12$

❷(1)もとになる量はAのテープの長さ、比べられる量はBのテープの長さ、割合は$\frac{1}{3}$倍なので、

$2\frac{1}{4}\times\frac{1}{3}=\frac{9}{4}\times\frac{1}{3}=\frac{\overset{3}{\cancel{9}}\times1}{4\times\underset{1}{\cancel{3}}}=\frac{3}{4}$より、$\frac{3}{4}$m

(2)もとになる量はCのテープの長さ、比べられる量はAのテープの長さ、割合は$1\frac{1}{5}$倍なので、

$$2\frac{1}{4}\div1\frac{1}{5}=\frac{9}{4}\div\frac{6}{5}=\frac{9}{4}\times\frac{5}{6}=\frac{\overset{3}{\cancel{9}}\times5}{4\times\underset{2}{\cancel{6}}}=\frac{15}{8}$$

より、$\frac{15}{8}$m

❸もとになる量は前日の入園者数、比べられる量はその日の入園者数の162人、割合は$1\frac{2}{7}$倍なので、

$$162\div1\frac{2}{7}=\frac{162}{1}\div\frac{9}{7}=\frac{162}{1}\times\frac{7}{9}$$

$$=\frac{\overset{18}{\cancel{162}}\times7}{1\times\underset{1}{\cancel{9}}}=126$$より、126人

63 資料の整理 127ページ

❶ (1)17 (2)60 (3)33 (4)40
(5)106 (6)13.2 (7)4.5

❷ (1)式…(58+60+50+56)÷4=56
答え…56
(2)式…(59+67+68+41+66)÷5
=60.2
答え…60.2
(3)式…(84+95+57+110+74
+71+79+90)÷8=82.5
答え…82.5

式…560÷7=80 答え…**分速**80m

まちがえたら、解き直しましょう。

ポイント

❶(1)(15+20+16)÷3=51÷3=17
(6)(12+17+15+9+13)÷5=66÷5
=13.2

❷(平均値)=(資料の合計)÷(資料の個数)で求めます。
(1)資料の個数は4個なので、
(58+60+50+56)÷4=224÷4=56
(3)資料の個数は8個なので、(84+95+57
+110+74+71+79+90)÷8
=660÷8=82.5

(速さ)=(道のり)÷(時間)で求めます。560mの道のりを7分間で歩いたので、速さは
560÷7=80より、分速80m

64 円周率をふくむ式の計算① 129ページ

❶ (1)314 (2)31.4 (3)314
(4)314 (5)62.8 (6)628

❷ (1)6.28 (2)3.14 (3)314

245km

まちがえたら、解き直しましょう。

ポイント

❶a×b=b×aや(a×b)×c=a×(b×c)の計算のきまりを使います。
(1)4×25×3.14=100×3.14=314
(2)5×2×3.14=10×3.14=31.4
(3)8×12.5×3.14=100×3.14=314
(4)25×3.14×4=25×4×3.14=100×3.14
=314
(5)5×(4×3.14)=(5×4)×3.14=20×3.14
=62.8
(6)(8×5)×3.14×5=40×3.14×5
=40×5×3.14=200×3.14=628

❷(1)$12\times\frac{1}{6}\times3.14=2\times3.14=6.28$
(2)$4\times3.14\times\frac{1}{4}=4\times\frac{1}{4}\times3.14=1\times3.14$
=3.14
(3)$900\times3.14\times\frac{1}{9}=900\times\frac{1}{9}\times3.14$
=100×3.14=314

この電車の速さを求めると140÷2=70より時速70kmです。この電車が進んだ道のりは、(道のり)=(速さ)×(時間)で求めます。
3時間30分=3.5時間なので、70×3.5=245より、245km

65 円周率をふくむ式の計算② 131ページ

❶ (1)31.4 (2)314 (3)31.4
(4)628 (5)62.8

❷ (1)62.8 (2)157 (3)125.6

時速90km

まちがえたら、解き直しましょう。

ポイント

❶a×c+b×c=(a+b)×cや
a×c−b×c=(a−b)×cを使います。
(1)(2+8)×3.14=10×3.14=31.4
(2)(18+82)×3.14=100×3.14=314
(3)(16−6)×3.14=10×3.14=31.4
(4)(155+45)×3.14=200×3.14=628

(5)$(36-16)\times3.14=20\times3.14=62.8$
❷(1)$4\times3.14+16\times3.14=(4+16)\times3.14$
$=20\times3.14=62.8$
(2)$25\times3.14+25\times3.14=(25+25)\times3.14$
$=50\times3.14=157$
(3)$49\times3.14-9\times3.14=(49-9)\times3.14$
$=40\times3.14=125.6$
秒速25m＝分速(25×60)m
＝時速(25×60×60)m＝時速90000m
単位をkmに直して、時速90km

66 体積の単位 133ページ

❶ (1)3000000 (2)5000
(3)120 (4)0.4 (5)6000
❷ (1)$30000cm^3$ (2)30L (3)$0.03m^3$

(1)$\frac{5}{12}$ (2)$\frac{33}{35}$

まちがえたら、解き直しましょう。

ポイント

❶(1)$1m^3=1000000cm^3$より、
$3m^3=3000000cm^3$
(2)$1L=1000cm^3$より、$5L=5000cm^3$
(3)$1mL=1cm^3$より、$120mL=120cm^3$
(4)$1000cm^3=1L$より、$400cm^3=0.4L$
(5)1kL＝1000Lより、6kL＝6000L
❷(1)直方体の体積は、(縦(たて)の長さ)×(横の長さ)×(高さ)より、20×60×25＝30000となり、
$30000cm^3$
(2)$1000cm^3=1L$より、$30000cm^3=30L$
(3)$1000000cm^3=1m^3$より、
$30000cm^3=0.03m^3$

(1)$\frac{1}{6}\div\frac{2}{5}=\frac{1}{6}\times\frac{5}{2}=\frac{1\times5}{6\times2}=\frac{5}{12}$

67 まとめのテスト⑯ 135ページ

❶ (1)式…(37＋43＋34)÷3＝38
答え…38
(2)式…(43＋32＋41＋50)÷4＝41.5
答え…41.5
❷ (1)628 (2)31.4 (3)62.8
(4)282.6
❸ (1)11000000
(2)2000000000 (3)0.45
❹ (1)$50000cm^3$ (2)50L (3)$0.05m^3$

ポイント

❶(平均値(へいきんち))＝(資料の合計)÷(資料の個数)で求めます。
(1)資料の個数は3個なので、
(37＋43＋34)÷3＝114÷3＝38
❷(1)$25\times3.14\times8=25\times8\times3.14$
$=200\times3.14=628$
(2)$(7+3)\times3.14=10\times3.14=31.4$
(3)$36\times3.14-16\times3.14=(36-16)\times3.14$
$=20\times3.14=62.8$
(4)$81\times3.14+9\times3.14=(81+9)\times3.14$
$=90\times3.14=282.6$
❸(1)$1m^3=1000000cm^3$より、
$11m^3=11000000cm^3$
(2)$1km^3=1000000000m^3$より、
$2km^3=2000000000m^3$
(3)1000L＝1kLより、450L＝0.45kL
❹三角柱の体積は(底面積)×(高さ)で求めます。
1250×40＝50000より、$50000cm^3$
(2)$1000cm^3=1L$より、$50000cm^3=50L$
(3)$1000000cm^3=1m^3$より、
$50000cm^3=0.05m^3$

68 パズル③ 137ページ

❶ (1)10 (2)4 (3)6 (4)5
❷ (1)3 (2)2 (3)2 (4)7

ポイント

❶$\frac{1}{□}+\frac{2}{□}+\frac{3}{□}+\frac{4}{□}=\frac{1+2+3+4}{□}=\frac{10}{□}$で
あり、$1=\frac{10}{10}$なので、□＝10
(2)$\frac{1}{□}+\frac{2}{□}+\frac{3}{□}+\frac{4}{□}+\frac{5}{□}+\frac{6}{□}+\frac{7}{□}$
$=\frac{1+2+3+4+5+6+7}{□}=\frac{28}{□}$であり、
$7=\frac{28}{4}$なので、□＝4
(3)$\frac{1}{□}+\frac{3}{□}+\frac{5}{□}+\frac{7}{□}+\frac{9}{□}+\frac{11}{□}$
$=\frac{1+3+5+7+9+11}{□}=\frac{36}{□}$であり、
$6=\frac{36}{6}$なので、□＝6
❷(1)$\frac{30}{□}-\frac{5}{□}-\frac{4}{□}-\frac{3}{□}-\frac{2}{□}-\frac{1}{□}$
$=\frac{30-5-4-3-2-1}{□}=\frac{15}{□}$であり、
$5=\frac{15}{3}$なので、□＝3

(3) $\frac{□}{5}+\frac{□}{3}=\frac{□\times3}{15}+\frac{□\times5}{15}=\frac{□\times3+□\times5}{15}$

$=\frac{□\times(3+5)}{15}=\frac{□\times8}{15}$ であり、$1\frac{1}{15}=\frac{16}{15}$ だから、$□\times8=16$ となるので、$□=16\div8=2$

(4) $\frac{□}{12}+\frac{□}{8}=\frac{□\times2}{24}+\frac{□\times3}{24}=\frac{□\times2+□\times3}{24}$

$=\frac{□\times(2+3)}{24}=\frac{□\times5}{24}$ であり、$\frac{35}{24}$ だから、

$□\times5=35$ となるので、$□=35\div5=7$

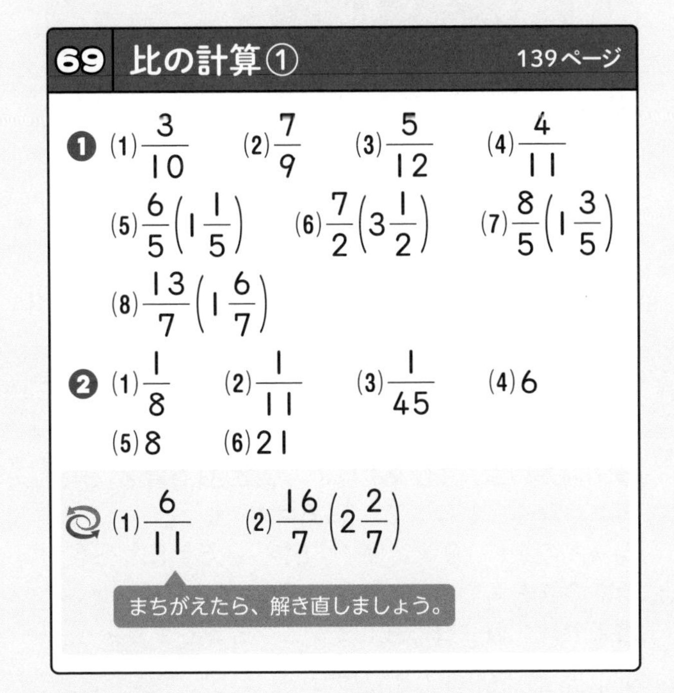

69 比の計算① 139ページ

❶ (1) $\frac{3}{10}$　(2) $\frac{7}{9}$　(3) $\frac{5}{12}$　(4) $\frac{4}{11}$

(5) $\frac{6}{5}\left(1\frac{1}{5}\right)$　(6) $\frac{7}{2}\left(3\frac{1}{2}\right)$　(7) $\frac{8}{5}\left(1\frac{3}{5}\right)$

(8) $\frac{13}{7}\left(1\frac{6}{7}\right)$

❷ (1) $\frac{1}{8}$　(2) $\frac{1}{11}$　(3) $\frac{1}{45}$　(4) 6

(5) 8　(6) 21

(1) $\frac{6}{11}$　(2) $\frac{16}{7}\left(2\frac{2}{7}\right)$

まちがえたら、解き直しましょう。

ポイント

❶a:bの比で、bをもとにしてaがどれだけの割合になるかを表したものを、比の値といいます。

(1) 3:10の比の値は、$3\div10=\frac{3}{10}$

(5) 6:5の比の値は、$6\div5=\frac{6}{5}$

❷(2) 1:11の比の値は、$1\div11=\frac{1}{11}$

(4) 6:1の比の値は、$6\div1=6$

(1) $3\div\frac{11}{2}=\frac{3}{1}\times\frac{2}{11}=\frac{3\times2}{1\times11}=\frac{6}{11}$

70 比の計算② 141ページ

❶ (1) $\frac{2}{3}$　(2) $\frac{3}{4}$　(3) $\frac{5}{6}$　(4) $\frac{2}{9}$

(5) $\frac{3}{2}\left(1\frac{1}{2}\right)$　(6) $\frac{11}{2}\left(5\frac{1}{2}\right)$

(7) $\frac{9}{5}\left(1\frac{4}{5}\right)$　(8) $\frac{8}{7}\left(1\frac{1}{7}\right)$

❷ (1) $\frac{1}{4}$　(2) $\frac{1}{6}$　(3) 3　(4) 2　(5) $\frac{2}{9}$

(6) $\frac{3}{5}$

(1) $\frac{8}{9}$　(2) $\frac{6}{5}\left(1\frac{1}{5}\right)$

まちがえたら、解き直しましょう。

ポイント

❶a:bの比で、bをもとにしてaがどれだけの割合になるかを表したものを、比の値といいます。答えは、それ以上約分できない形で答えるようにしましょう。

(1) 14:21の比の値は、$14\div21=\frac{\overset{2}{\cancel{14}}}{\underset{3}{\cancel{21}}}=\frac{2}{3}$

(5) 12:8の比の値は、$12\div8=\frac{\overset{3}{\cancel{12}}}{\underset{2}{\cancel{8}}}=\frac{3}{2}$

❷(1) 4:16の比の値は、$4\div16=\frac{\overset{1}{\cancel{4}}}{\underset{4}{\cancel{16}}}=\frac{1}{4}$

(3) 30:10の比の値は、$30\div10=3$

(1) $\frac{5}{6}\div\frac{15}{16}=\frac{5}{6}\times\frac{16}{15}=\frac{\overset{1}{\cancel{5}}\times\overset{8}{\cancel{16}}}{\underset{3}{\cancel{6}}\times\underset{3}{\cancel{15}}}=\frac{8}{9}$

(2) $\frac{9}{20}\div\frac{3}{8}=\frac{9}{20}\times\frac{8}{3}=\frac{\overset{3}{\cancel{9}}\times\overset{2}{\cancel{8}}}{\underset{5}{\cancel{20}}\times\underset{1}{\cancel{3}}}=\frac{6}{5}$

71 比の計算③ 143ページ

❶ (1) 1:2　(2) 11:7　(3) 6:5
(4) 2:3　(5) 2:5　(6) 13:18
(7) 5:2　(8) 4:11

❷ (1) 1:3　(2) 3:2　(3) 5:6
(4) 2:1　(5) 17:19　(6) 9:13

(1) 33　(2) $\frac{8}{3}\left(2\frac{2}{3}\right)$

まちがえたら、解き直しましょう。

ポイント

❶比をできるだけ小さい整数の比にすることを、比を簡単にするといいます。比で表す2つの数の公約数でわると、比を簡単にすることができます。

(1)両方の数を4でわって、4:8=1:2
(3)両方の数を10でわって、60:50=6:5
(6)両方の数を4でわって、52:72=13:18
❷(4)両方の数を18でわって、36:18=2:1
(5)両方の数を2でわって、34:38=17:19

(1) $27\div\frac{9}{11}=\frac{27}{1}\times\frac{11}{9}=\frac{\overset{3}{\cancel{27}}\times 11}{1\times\underset{1}{\cancel{9}}}=33$

(2) $20\div\frac{15}{2}=\frac{20}{1}\times\frac{2}{15}=\frac{\overset{4}{\cancel{20}}\times 2}{1\times\underset{3}{\cancel{15}}}=\frac{8}{3}$

72 比の計算④ 145ページ

❶ (1) 1:5　(2) 2:3　(3) 4:5
(4) 3:7　(5) 2:1　(6) 5:3
(7) 9:2　(8) 8:5

❷ (1) 16:7　(2) 8:15　(3) 13:16
(4) 19:11　(5) 9:11　(6) 3:2

(1) $\frac{20}{9}\left(2\frac{2}{9}\right)$　(2) $\frac{22}{15}\left(1\frac{7}{15}\right)$

まちがえたら、解き直しましょう。

ポイント

❶(1)両方の数を10でわって、10:50=1:5
(3)両方の数を30でわって、
120:150=4:5
(5)両方の数を200でわって、
400:200=2:1
(7)両方の数を300でわって、
2700:600=9:2
❷(2)両方の数を8でわって、
64:120=8:15
(4)両方の数を8でわって、
152:88=19:11
(5)両方の数を11でわって、
99:121=9:11

(1) $1\frac{2}{3}\times 1\frac{1}{3}=\frac{5}{3}\times\frac{4}{3}=\frac{20}{9}\left(2\frac{2}{9}\right)$

(2) $1\frac{1}{5}\times 1\frac{2}{9}=\frac{6}{5}\times\frac{11}{9}=\frac{\overset{2}{\cancel{6}}\times 11}{5\times\underset{3}{\cancel{9}}}=\frac{22}{15}\left(1\frac{7}{15}\right)$

73 比の計算⑤ 147ページ

❶ (1) 2:3　(2) 2:1　(3) 8:3
(4) 5:6　(5) 6:1　(6) 12:5
(7) 14:9　(8) 3:7

❷ (1) 1:3　(2) 4:5　(3) 7:8
(4) 11:4　(5) 13:9　(6) 15:16

(1) $\frac{1}{4}$　(2) $\frac{5}{6}$

まちがえたら、解き直しましょう。

ポイント

❶比をできるだけ小さい整数の比にすることを、比を簡単にするといいます。小数をふくんだ比を簡単にするには、両方の数に10や100をかけて小数を整数に直して考えます。

(3)両方の数に10をかけて、4:1.5=40:15
両方の数を5でわって、40:15=8:3
(8)両方の数に10をかけて、1.8:4.2=18:42
両方の数を6でわって、18:42=3:7
❷(1)両方の数に10をかけて、0.2:0.6=2:6
両方の数を2でわって、2:6=1:3
(5)両方の数に10をかけて、5.2:3.6=52:36
両方の数を4でわって、52:36=13:9
帯分数を仮分数に直してから、計算しましょう。

(1) $1\frac{1}{6}\div 4\frac{2}{3}=\frac{7}{6}\div\frac{14}{3}=\frac{7}{6}\times\frac{3}{14}$
$=\frac{\overset{1}{\cancel{7}}\times\overset{1}{\cancel{3}}}{\underset{2}{\cancel{6}}\times\underset{2}{\cancel{14}}}=\frac{1}{4}$

74 比の計算⑥ 149ページ

❶ (1) 1:5 (2) 1:4 (3) 9:1 (4) 3:2 (5) 3:1 (6) 6:5 (7) 3:2 (8) 7:3

❷ (1) 6:7 (2) 8:9 (3) 21:16 (4) 10:3 (5) 4:3 (6) 15:8

(1) $\frac{11}{2}\left(5\frac{1}{2}\right)$ (2) $\frac{1}{4}$

まちがえたら、解き直しましょう。

ポイント

❶比をできるだけ小さい整数の比にすることを、比を簡単にするといいます。分数をふくんだ比を簡単にするには、両方の数に分母の公倍数をかけて分数を整数に直して考えます。

(1)両方の数に5をかけて、$\frac{1}{5}:1=1:5$

(5)両方の数に6をかけて、$\frac{1}{2}:\frac{1}{6}=3:1$

❷(5)両方の数に60をかけて、$\frac{1}{15}:\frac{1}{20}=4:3$

(6)両方の数に10をかけて、$\frac{9}{2}:\frac{12}{5}=45:24$

両方の数を3でわって、45:24=15:8

(1) $5.5=\frac{55}{10}=\frac{11}{2}$

(2) $0.25=\frac{25}{100}=\frac{1}{4}$

75 まとめのテスト⑰ 151ページ

❶ (1) $\frac{8}{15}$ (2) 3 (3) $\frac{13}{4}\left(3\frac{1}{4}\right)$ (4) $\frac{1}{3}$

❷ (1) 4:3 (2) 9:8 (3) 2:5 (4) 3:7 (5) 10:3 (6) 4:9 (7) 5:3 (8) 4:3

❸ 3:5

ポイント

❶答えは、それ以上約分できない形で答えるようにしましょう。

(1) 8:15の比の値(あたい)は、$8\div15=\frac{8}{15}$

(2) 6:2の比の値は、$6\div2=3$

(4) 6:18の比の値は、$6\div18=\frac{6}{18}=\frac{1}{3}$

❷(1)両方の数を7でわって、28:21=4:3

(3)両方の数を20でわって、40:100=2:5

(4)両方の数を300でわって、
900:2100=3:7

(5)両方の数に10をかけて、7:2.1=70:21
両方の数を7でわって、70:21=10:3

(8)両方の数に6をかけて、$\frac{2}{3}:\frac{1}{2}=4:3$

❸コーヒーと牛乳(ぎゅうにゅう)のかさの比は、600:1000になります。両方の数を200でわって、
600:1000=3:5

76 比の計算⑦ 153ページ

❶ (1) 6 (2) 8 (3) 12 (4) 20 (5) 18 (6) 40 (7) 56 (8) 72

❷ (1) 36 (2) 10 (3) 30 (4) 36 (5) 40 (6) 108

$\frac{5}{36}$

まちがえたら、解き直しましょう。

ポイント

❶a:bの両方の数に同じ数をかけてできる比は、すべてa:bに等しくなることを利用します。

(3) 9÷3=3より、$x=4\times3=12$

❷(2) 30÷15=2より、$x=5\times2=10$

$\frac{3}{8}\div0.6\div4\frac{1}{2}=\frac{3}{8}\div\frac{3}{5}\div\frac{9}{2}=\frac{3}{8}\times\frac{5}{3}\times\frac{2}{9}$

$=\frac{3\times5\times2}{8\times3\times9}=\frac{5}{36}$

77 比の計算⑧ 155ページ

❶ (1) 6 (2) 4 (3) 2 (4) 1 (5) 5 (6) 6 (7) 8 (8) 9

❷ (1) 2 (2) 9 (3) 15 (4) 22 (5) 9 (6) 13

$\frac{5}{4}$m$\left(1\frac{1}{4}\text{m}\right)$

まちがえたら、解き直しましょう。

ポイント

❶a:bの両方の数を同じ数でわってできる比は、すべてa:bに等しくなることを利用します。

(3)15÷3=5より、x=10÷5=2

(8)63÷7=9より、x=81÷9=9

❷(1)52÷4=13より、x=26÷13=2

(2)24÷12=2より、x=18÷2=9

(3)18÷6=3より、x=45÷3=15

(6)75÷15=5より、x=65÷5=13

(比べられる量)=(もとになる量)×(割合(わりあい))で求めます。もとになる量は$1\frac{7}{8}$mのテープ、割合は$\frac{2}{3}$倍なので、$1\frac{7}{8}\times\frac{2}{3}=\frac{15}{8}\times\frac{2}{3}=\frac{\overset{5}{\cancel{15}}\times\overset{1}{\cancel{2}}}{\underset{4}{\cancel{8}}\times\underset{1}{\cancel{3}}}$

$=\frac{5}{4}$より、$\frac{5}{4}$m

78 比の計算⑨ 157ページ

❶ (1)40cm (2)20cm (3)35cm
(4)25cm

❷ (1)66cm (2)30cm
(3)52.8cm (4)43.2cm

62.8

まちがえたら、解き直しましょう。

ポイント

❶(1)長いほうのテープと全体のテープの比を考えると、2:(2+1)で、2:3となります。長いほうのテープを$x$cmとすると、2:3=x:60で表せます。60÷3=20より、x=2×20=40なので、40cmとなります。

(2)短いほうのテープと全体のテープの比を考えると、1:(2+1)で、1:3となります。短いほうのテープを$x$cmとすると、1:3=x:60で表せます。60÷3=20より、x=1×20=20なので、20cmとなります。また、(1)より60−40=20より20cmと求めてもよいです。

❷(1)長いほうのテープと全体のテープの比を考えると、11:(11+5)で、11:16となります。長いほうのテープを$x$cmとすると、11:16=x:96で表せます。96÷16=6より、x=11×6=66なので、66cmとなります。

(3)長いほうのテープと全体のテープの比を考えると、11:(11+9)で、11:20となります。長いほうのテープを$x$cmとすると、11:20=x:96で表せます。96÷20=4.8より、x=11×4.8=52.8なので、52.8cmとなります。

49×3.14−29×3.14
=(49−29)×3.14=20×3.14=62.8

79 まとめのテスト⑱ 159ページ

❶ (1)42 (2)50 (3)72 (4)42
(5)9 (6)7 (7)10 (8)14

❷ (1)5:3 (2)120mL (3)250mL

ポイント

❶a:bの両方の数に同じ数をかけたり、わったりしてできる比は、すべてa:bに等しくなることを利用します。

(1)18÷3=6より、x=7×6=42

(5)40÷5=8より、x=72÷8=9

(8)88÷11=8より、x=112÷8=14

❷(1)リンゴジュースとオレンジジュースのかさの比は、300:180になります。両方の数を60でわって、300:180=5:3

(2)(1)より、オレンジジュースの量をxmLとすると、5:3=200:xで表せます。200÷5=40より、x=3×40=120なので、120mL

(3)リンゴジュースとミックスジュースの比を考えると、5:(5+3)で、5:8となります。リンゴジュースの量をxmLとすると、5:8=x:400で表せます。400÷8=50より、x=5×50=250なので、250mL

80 パズル④ 161ページ

❶ (1)4 (2)27 (3)17

❷ (1)41 (2)9 (3)$\frac{6}{11}$

ポイント

❶(1)2、4、6、8がくり返されているので、□にあてはまる数は4

(2)3の倍数が小さい順に並(なら)んでいるので、□にあてはまる数は27

(3)奇数(きすう)が小さい順に並んでいるので、□にあてはまる数は17

❷(1)1から5ずつ大きくなっているので、□にあてはまる数は36+5=41

(2)1×7=7、2×7=14→4、3×7=21→1、4×7=28→8より、x×7の答えの一の位が並んでいるので、□にあてはまる数は7×7=49より、9

(3) $6=\frac{6}{1}$、$3=\frac{6}{2}$、$2=\frac{6}{3}$、$\frac{3}{2}=\frac{6}{4}$、$1=\frac{6}{6}$、$\frac{3}{4}=\frac{6}{8}$、$\frac{2}{3}=\frac{6}{9}$、$\frac{3}{5}=\frac{6}{10}$、$\frac{1}{2}=\frac{6}{12}$より、$\frac{6}{1}$、$\frac{6}{2}$、$\frac{6}{3}$、$\frac{6}{4}$、$\frac{6}{5}$、$\frac{6}{6}$、…と分子が6、分母が1ずつ増えているので、□にあてはまる数は$\frac{6}{11}$

81 総復習＋先取り①　163ページ

❶ (1) 7.6　(2) 12.7　(3) 0.25　(4) 144

❷ (1) 15　(2) $\frac{27}{40}$　(3) $\frac{9}{32}$　(4) $\frac{3}{8}$　(5) $\frac{10}{9}\left(1\frac{1}{9}\right)$　(6) 6

❸ (1) $x\div12=y$　(2) 0.7　(3) 18

❹ 式…$\frac{9}{32}\times6\frac{2}{3}=\frac{15}{8}\left(=1\frac{7}{8}\right)$

答え…$\frac{15}{8}$cm³$\left(1\frac{7}{8}\text{cm}^3\right)$

❺ (1) 3×7　(2) 5×5　(3) 2×3×3　(4) 2×3×3×3

ポイント

❶(1) $12.5+x=20.1$より、$x=20.1-12.5=7.6$

(2) $30-x=17.3$より、$x=30-17.3=12.7$

(3) $x\times20=5$より、$x=5\div20=0.25$

(4) $x\div6=24$より、$x=24\times6=144$

❷(1) $\frac{3}{4}\times20=\frac{3\times\cancel{20}^{5}}{\cancel{4}_{1}}=15$

(2) $\frac{3}{5}\times\frac{9}{8}=\frac{3\times9}{5\times8}=\frac{27}{40}$

(3) $\frac{3}{14}\times\frac{21}{16}=\frac{3\times\cancel{21}^{3}}{\cancel{14}_{2}\times16}=\frac{9}{32}$

(5) $2\frac{1}{12}\times\frac{8}{15}=\frac{25}{12}\times\frac{8}{15}=\frac{\cancel{25}^{5}\times\cancel{8}^{2}}{\cancel{12}_{3}\times\cancel{15}_{3}}=\frac{10}{9}$

❸(1)（水の量）÷（人数）＝（1人分の水の量）より、言葉の式に、水の量xL、人数12人、1人分の水の量yLをあてはめると、$x\div12=y$

(2) xに8.4をあてはめると、$8.4\div12=y$より、yの値は、$8.4\div12=0.7$

(3) yに1.5をあてはめると、$x\div12=1.5$より、$x=1.5\times12=18$

❹五角柱の体積は、（底面積）×（高さ）より、

$\frac{9}{32}\times6\frac{2}{3}=\frac{9}{32}\times\frac{20}{3}=\frac{\cancel{9}^{3}\times\cancel{20}^{5}}{\cancel{32}_{8}\times\cancel{3}_{1}}=\frac{15}{8}$より、$\frac{15}{8}$cm³

❺(1) $21\div3=7$より、$21=3\times7$

(2) $25\div5=5$より、$25=5\times5$

(3) $18\div2=9$、$9\div3=3$より、$18=2\times3\times3$

(4) $54\div2=27$、$27\div3=9$、$9\div3=3$より、$54=2\times3\times3\times3$

82 総復習＋先取り②　165ページ

❶ (1) $\frac{2}{27}$　(2) 5　(3) $\frac{30}{49}$　(4) $\frac{5}{6}$　(5) $\frac{10}{3}\left(3\frac{1}{3}\right)$　(6) $\frac{18}{35}$　(7) $\frac{21}{20}\left(1\frac{1}{20}\right)$　(8) $\frac{32}{15}\left(2\frac{2}{15}\right)$　(9) $\frac{9}{2}\left(4\frac{1}{2}\right)$　(10) $\frac{5}{6}$

❷ (1) $\frac{7}{12}$　(2) $\frac{7}{15}$　(3) 314

❸ 式…$2\frac{2}{5}\div\frac{3}{7}=\frac{28}{5}\left(=5\frac{3}{5}\right)$

答え…時速$\frac{28}{5}$km$\left(\text{時速}5\frac{3}{5}\text{km}\right)$

❹ (1) 5　(2) 56

ポイント

❶(1) $1\frac{7}{9}\div24=\frac{16}{9}\div24=\frac{\cancel{16}^{2}}{9\times\cancel{24}_{3}}=\frac{2}{27}$

(2) $6\div1\frac{1}{5}=6\div\frac{6}{5}=\frac{6}{1}\times\frac{5}{6}=\frac{\cancel{6}^{1}\times5}{1\times\cancel{6}_{1}}=5$

(3) $\frac{3}{7}\div\frac{7}{10}=\frac{3}{7}\times\frac{10}{7}=\frac{3\times10}{7\times7}=\frac{30}{49}$

(4) $\frac{8}{27}\div\frac{16}{45}=\frac{8}{27}\times\frac{45}{16}=\frac{\cancel{8}^{1}\times\cancel{45}^{5}}{\cancel{27}_{3}\times\cancel{16}_{2}}=\frac{5}{6}$

(5) $2\frac{2}{15}\div\frac{16}{25}=\frac{32}{15}\times\frac{25}{16}=\frac{\cancel{32}^{2}\times\cancel{25}^{5}}{\cancel{15}_{3}\times\cancel{16}_{1}}=\frac{10}{3}$

(8) $\frac{16}{21}\times2.8=\frac{16}{21}\times\frac{14}{5}=\frac{16\times\cancel{14}^{2}}{\cancel{21}_{3}\times5}=\frac{32}{15}$

(10) $4.5\div5\frac{2}{5}=\frac{9}{2}\div\frac{27}{5}=\frac{9}{2}\times\frac{5}{27}=\frac{9\times5}{2\times27}=\frac{5}{6}$

❷(1) $\left(\frac{1}{21}+\frac{20}{21}\right)\times\frac{7}{12}=1\times\frac{7}{12}=\frac{7}{12}$

(2) $\frac{7}{15}\times\frac{4}{25}\times\frac{25}{4}=\frac{7}{15}\times\left(\frac{4}{25}\times\frac{25}{4}\right)$

$=\frac{7}{15}\times1=\frac{7}{15}$

(3) $(135-35)\times3.14=100\times3.14=314$

❸(速さ)＝(道のり)÷(時間)で求めます。

$2\frac{2}{5}\div\frac{3}{7}=\frac{12}{5}\times\frac{7}{3}=\frac{12\times7}{5\times3}=\frac{28}{5}$より、

時速$\frac{28}{5}$km

❹(1) $x\times6=30$より、$x=30\div6=5$

(2) $x\div8=7$より、$x=7\times8=56$

83 総復習＋先取り③ 167ページ

❶ (1) $\frac{63}{160}$　(2) $\frac{1}{6}$　(3) 1　(4) $\frac{7}{20}$

❷ (1) 3:7　(2) 21:8　(3) 2:5

(4) 8:17　(5) 2:3　(6) 4:5

❸ (1)式…$15\div3\frac{1}{8}=\frac{24}{5}\left(=4\frac{4}{5}\right)$

答え…$\frac{24}{5}$倍$\left(4\frac{4}{5}倍\right)$

(2)式…$3\frac{1}{8}\times1\frac{3}{5}=5$　答え…5m

❹ (1) 3　(2) 4

ポイント

❶(1) $\frac{3}{4}\times\frac{7}{8}\times\frac{3}{5}=\frac{3\times7\times3}{4\times8\times5}=\frac{63}{160}$

(2) $1\frac{3}{5}\div2\frac{1}{10}\times\frac{7}{32}=\frac{8}{5}\div\frac{21}{10}\times\frac{7}{32}$

$=\frac{8}{5}\times\frac{10}{21}\times\frac{7}{32}=\frac{8\times10\times7}{5\times21\times32}=\frac{1}{6}$

(3) $\frac{5}{12}\div\frac{4}{9}\div\frac{15}{16}=\frac{5}{12}\times\frac{9}{4}\times\frac{16}{15}$

$=\frac{5\times9\times16}{12\times4\times15}=1$

(4) $\frac{7}{9}\div3\frac{7}{9}\times1.7=\frac{7}{9}\div\frac{34}{9}\times\frac{17}{10}$

$=\frac{7}{9}\times\frac{9}{34}\times\frac{17}{10}=\frac{7\times9\times17}{9\times34\times10}=\frac{7}{20}$

❷(3)両方の数に10をかけて、2.4:6＝24:60

両方の数を12でわって、24:60＝2:5

(5)両方の数に18をかけて、$\frac{1}{9}:\frac{1}{6}=2:3$

❸(1)(割合(わりあい))＝(比べられる量)÷(もとになる量)より、

$15\div3\frac{1}{8}=15\div\frac{25}{8}=\frac{15}{1}\times\frac{8}{25}=\frac{15\times8}{1\times25}$

$=\frac{24}{5}$より、$\frac{24}{5}$倍

(2)(比べられる量)＝(もとになる量)×(割合)より、

$3\frac{1}{8}\times1\frac{3}{5}=\frac{25}{8}\times\frac{8}{5}=5$より、5m

❹(1) $2:8=x:12$より、内側どうしの積は$8\times x$、外側どうしの積は$2\times12=24$となり、積が同じになるので、$8\times x=24$より、$x=24\div8=3$

(2) $9:6=6:x$より、内側どうしの積は$6\times6=36$で、外側どうしの積は$9\times x$となり、積が同じになるので、$36=9\times x$より、

$x=36\div9=4$